英国数学真简单团队/编著　华云鹏 刘舒宁/译

DK儿童数学分级阅读 第四辑

乘法和除法

数学真简单！

電子工業出版社
Publishing House of Electronics Industry
北京 · BEIJING

Original Title: Maths—No Problem! Multiplication and Division, Ages 8–9 (Key Stage 2)

版权贸易合同登记号　图字：01-2024-1631

图书在版编目（CIP）数据

DK儿童数学分级阅读. 第四辑. 乘法和除法 / 英国数学真简单团队编著；华云鹏，刘舒宁译. --北京：电子工业出版社，2024.5
ISBN 978-7-121-47749-2

Ⅰ. ①D…　Ⅱ. ①英…　②华…　③刘…　Ⅲ. ①数学－儿童读物　Ⅳ. ①O1-49

中国国家版本馆CIP数据核字（2024）第082173号

出版社感谢以下作者和顾问：Andy Psarianos, Judy Hornigold, Adam Gifford和Anne Hermanson博士。
已获Colophon Foundry的许可使用Castledown字体。

责任编辑：苏　琪　文字编辑：高　菲
印　　刷：鸿博昊天科技有限公司
装　　订：鸿博昊天科技有限公司
出版发行：电子工业出版社
　　　　　北京市海淀区万寿路173信箱　　邮编：100036
开　　本：889×1194　1/16　印张：18　　字数：303千字
版　　次：2024年5月第1版
印　　次：2024年11月第2次印刷
定　　价：128.00元（全6册）

凡所购买电子工业出版社图书有缺损问题，请向购买书店调换。若书店售缺，请与本社发行部联系，联系及邮购电话：（010）88254888，88258888。
质量投诉请发邮件至zlts@phei.com.cn，盗版侵权举报请发邮件至dbqq@phei.com.cn。
本书咨询联系方式：（010）88254161转1868，suq@phei.com.cn。

www.dk.com

目录

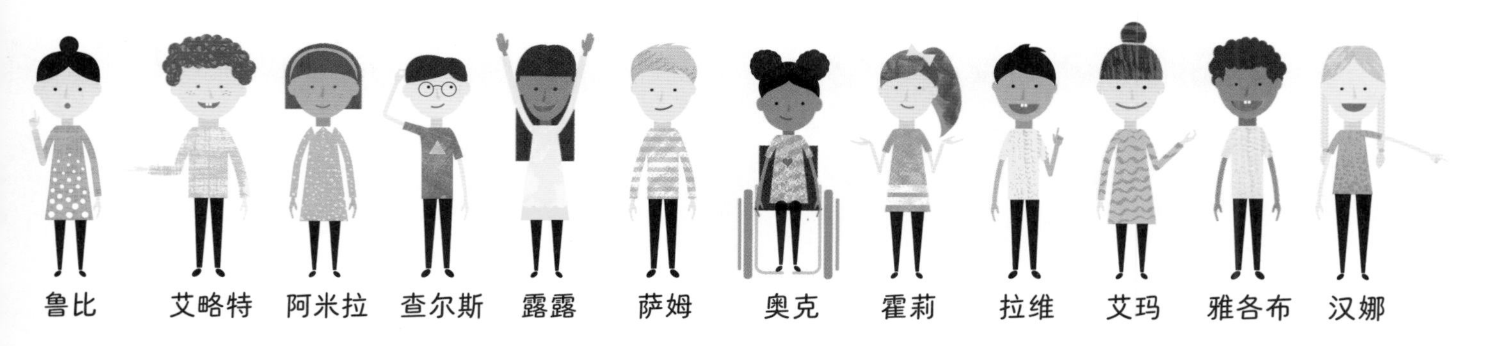

鲁比
艾略特
阿米拉
查尔斯
露露
萨姆
奥克
霍莉
拉维
艾玛
雅各布
汉娜

6、7、9做乘数

准备

超市里在售的饮料总共有多少罐？

举例

货架上有5提饮料，
每提里有6罐。

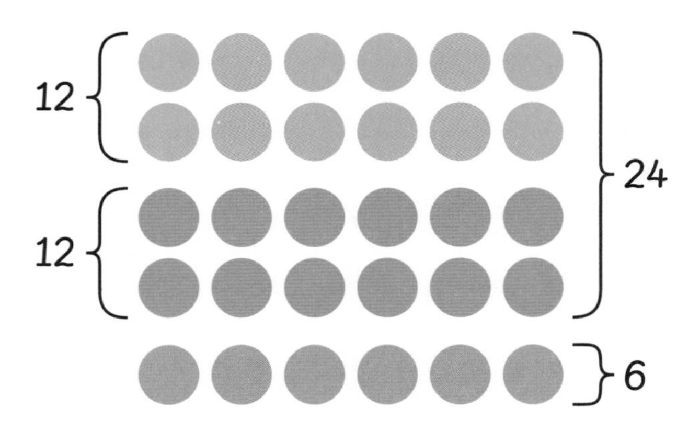

$24 + 6 = 30$

我们可以将这两个数相乘，然后借助计算器算出结果。

$2 \times 6 = 12$

$2 \times 12 = 24$

$6 + 24 = 30$

售货员手中还拿着2提饮料。

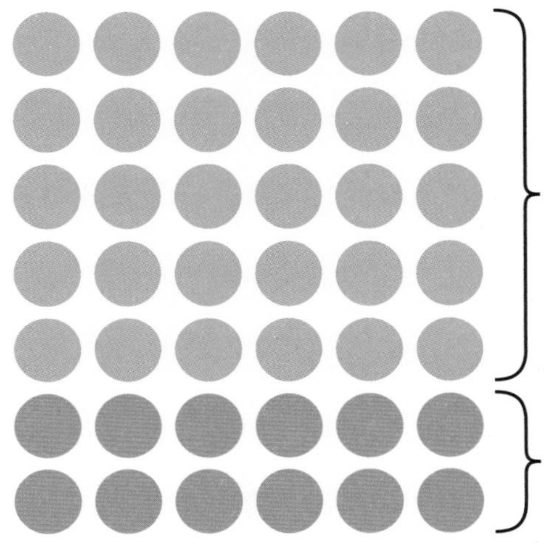

$5 \times 6 = 30$

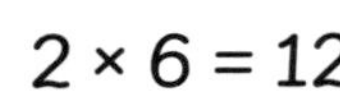

我算出了5×6=30，我之前学过2×6=12。最后将30和12相加，就能得出结果。

超市里在售的饮料总共有42罐。

2 售货员从仓库里又找出了2提饮料，那现在超市里在售的饮料总共有多少罐？

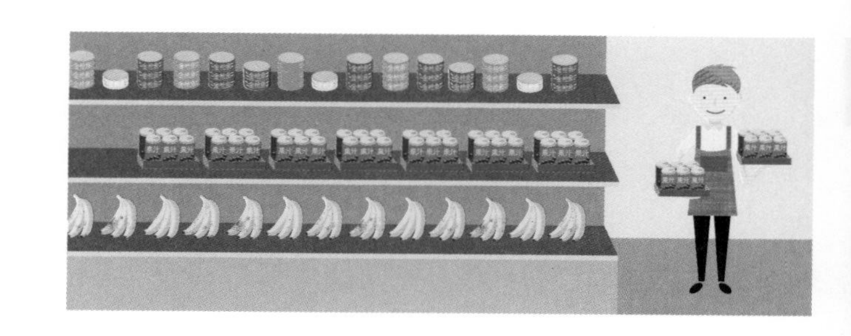

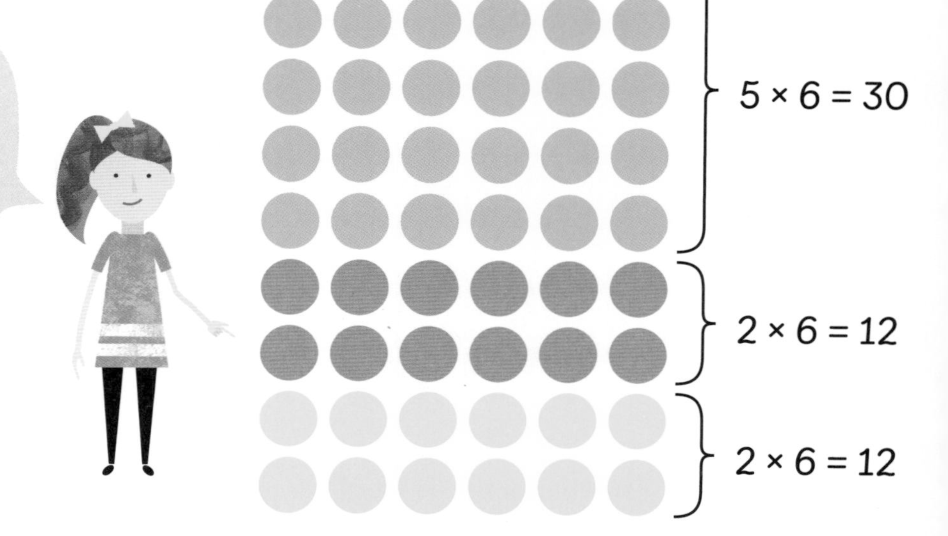
现在总共有9提饮料了，比之前多2提，所以加上多的这12罐就可以了。
5 × 6 = 30
2 × 6 = 12
2 × 6 = 12

42 + 12 = 54

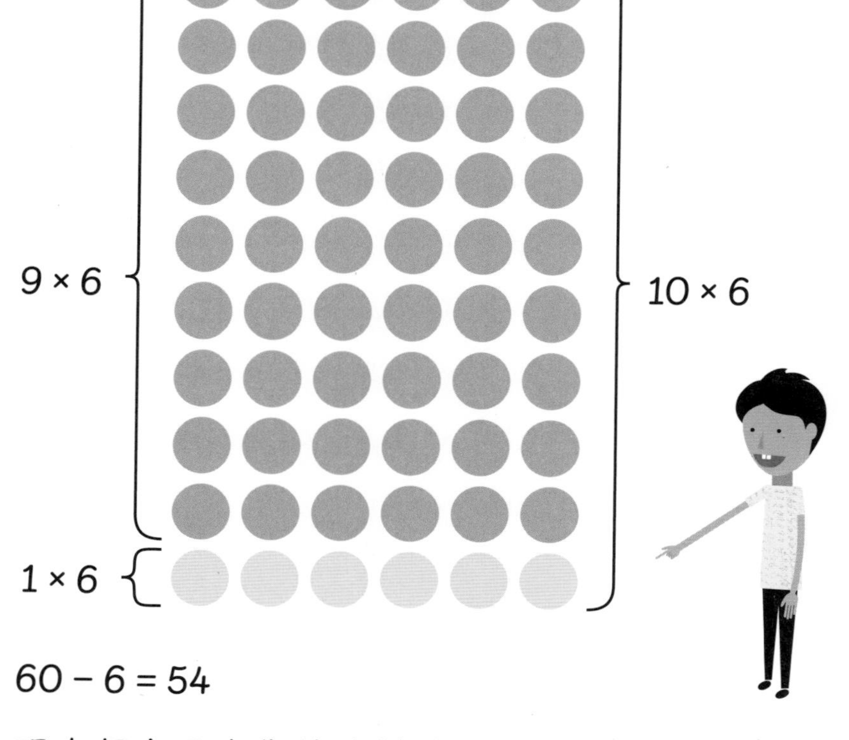
9 × 6
10 × 6
1 × 6

我算出了10 × 6 = 60，因此我还可以用60减去6来得出答案。

60 − 6 = 54

现在超市里出售的饮料总共有54罐。

练 习

填一填。

❶

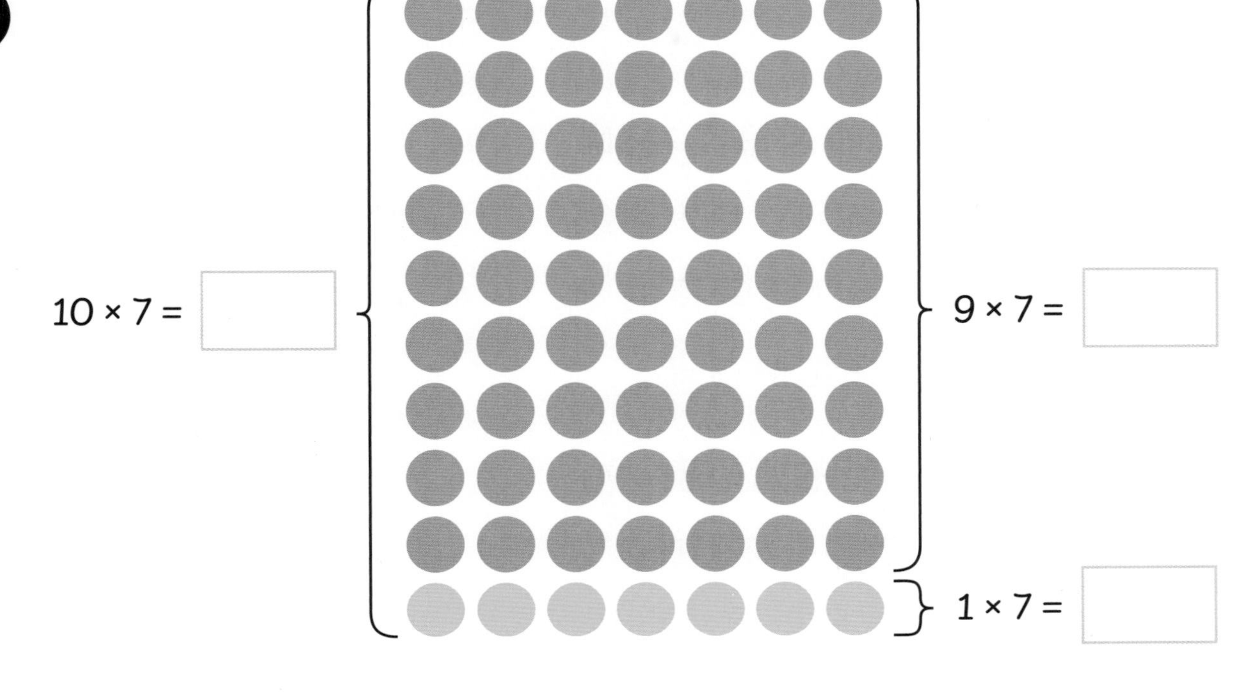

❷

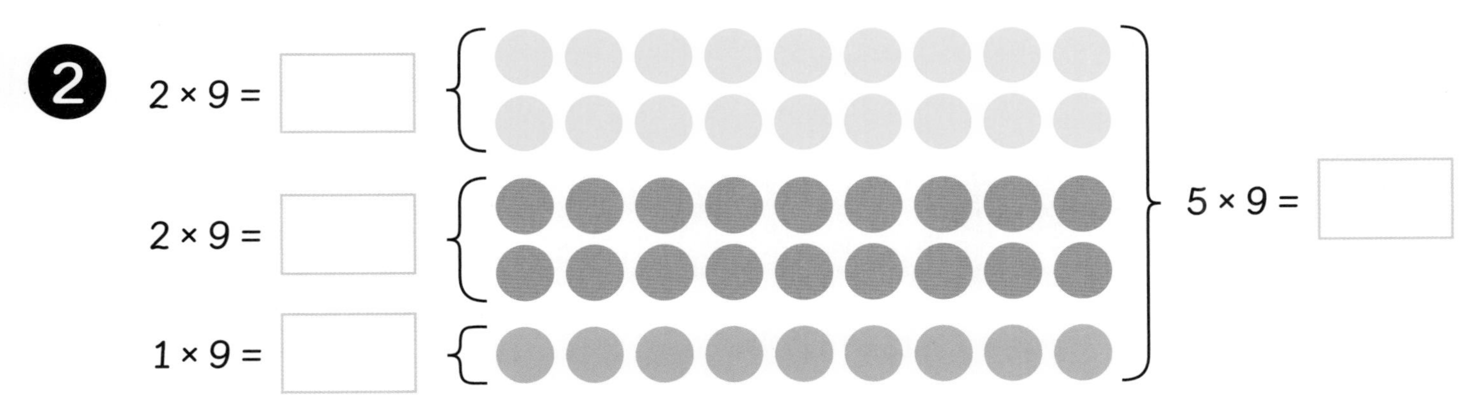

❸

(1) $4 \times 6 =$ □　　(2) $3 \times 9 =$ □　　(3) $8 \times 7 =$ □

(4) $6 \times 7 =$ □　　(5) $5 \times 6 =$ □　　(6) $5 \times 9 =$ □

(7) $7 \times 9 =$ □　　(8) $9 \times 7 =$ □　　(9) □ $\times 6 = 60$

(10) □ $\times 7 = 28$　　(11) □ $\times 9 = 36$　　(12) □ $\times 7 = 49$

11做乘数

准备

艾略特的妈妈在咖啡店每买1杯咖啡，就能在积分卡上积1分。当她买够10杯咖啡后，就能领到1杯免费的咖啡。今天她领到了第6杯免费咖啡。

帮忙算一算，艾略特的妈妈自从办了积分卡后，总共喝了多少杯咖啡？

举例

艾略特的妈妈已经积满了6张积分卡，每张积分卡相当于11杯咖啡。

已买的咖啡

$6 \times 10 = 60$

免费的咖啡

$6 \times 1 = 6$

$$6 \times 11 = 6 \times 10 + 6 \times 1$$
$$= 60 + 6$$
$$= 66$$

艾略特的妈妈办了积分卡后，总共喝了66杯咖啡。

练 习

填一填。

1

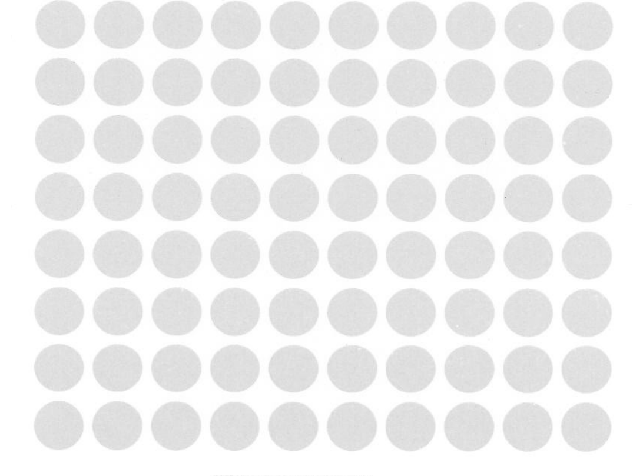

$8 \times 10 =$ ☐　　　$8 \times 1 =$ ☐

$8 \times 11 =$ ☐ $+$ ☐

$8 \times 11 =$ ☐

(1) $5 \times 10 =$ ☐　(2) $5 \times 1 =$ ☐　(3) $5 \times 11 =$ ☐

(4) $3 \times 10 =$ ☐　(5) $3 \times 1 =$ ☐　(6) $3 \times 11 =$ ☐

(7) $9 \times 10 =$ ☐　(8) $9 \times 1 =$ ☐　(9) $9 \times 11 =$ ☐

3

(1) $1 \times 11 =$ ☐　(2) $7 \times 11 =$ ☐　(3) $2 \times 11 =$ ☐

(4) $10 \times 11 =$ ☐　(5) $4 \times 11 =$ ☐　(6) $11 \times 11 =$ ☐

12做乘数

准备

总共有多少个甜甜圈？

举例

每个盒子里有12个甜甜圈。

12

总共有12个盒子，所以用12乘12就能算出来了。

$10 \times 12 = 120$　　$2 \times 12 = 24$

$120 + 24 = 144$

盒子里总共有144个甜甜圈。

练 习

1 乘一乘。

(1) $7\times10=$ ☐　(2) $7\times2=$ ☐　(3) $7\times12=$ ☐

(4) $4\times10=$ ☐　(5) $4\times2=$ ☐　(6) $4\times12=$ ☐

(7) $3\times10=$ ☐　(8) $3\times2=$ ☐　(9) $3\times12=$ ☐

2 乘一乘。

(1) $5\times12=$ ☐　(2) $1\times12=$ ☐

(3) $6\times12=$ ☐　(4) $11\times12=$ ☐

3 农场主周一从鸡舍收获了3打鸡蛋，周二收获的鸡蛋是周一的2倍，周三只收获了1打鸡蛋。

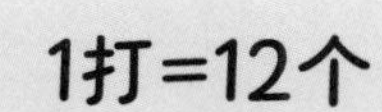

周一	1打	1打	1打			
周二	1打	1打	1打	1打	1打	1打
周三	1打					

?

(1) 农场主这三天总共收获了多少打鸡蛋？

农场主这三天收获了 ☐ 打鸡蛋。

(2) 他这三天总共收获了多少个鸡蛋？

他这三天总共收获了 ☐ 个鸡蛋。

1和0做乘数

第4课

准备

每售出一盒纸杯蛋糕，

商店里还剩多少个蛋糕？

举例

商店里一开始有3盒纸杯蛋糕，每盒4个。

3盒4个装的纸杯蛋糕

$3 \times 4 = 12$

如果售出1盒，那就还剩2盒4个装的纸杯蛋糕。

2盒4个装的纸杯蛋糕

$2 \times 4 = 8$

1盒4个装的纸杯蛋糕

$1 \times 4 = 4$

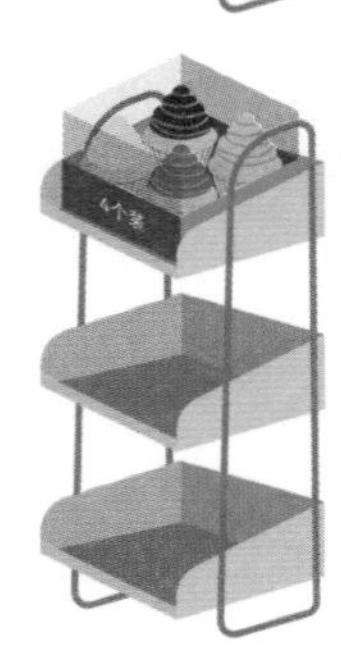

0盒4个装的纸杯蛋糕

$0 \times 4 = 0$

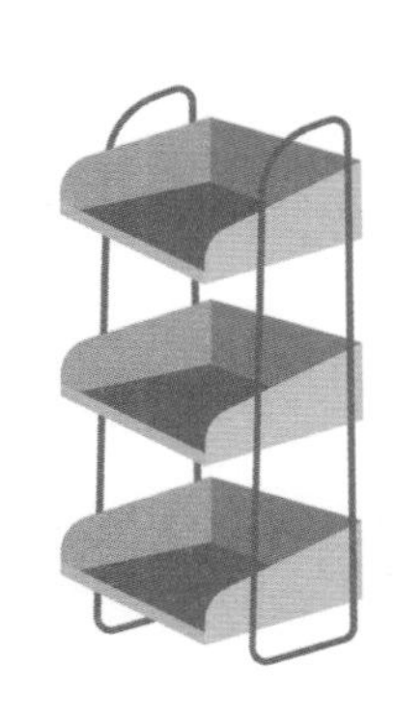

❶

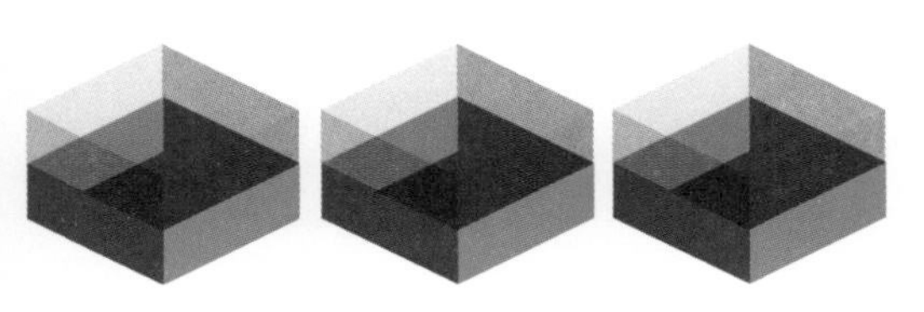

3盒0个装的纸杯蛋糕

$3 \times 0 = 0$

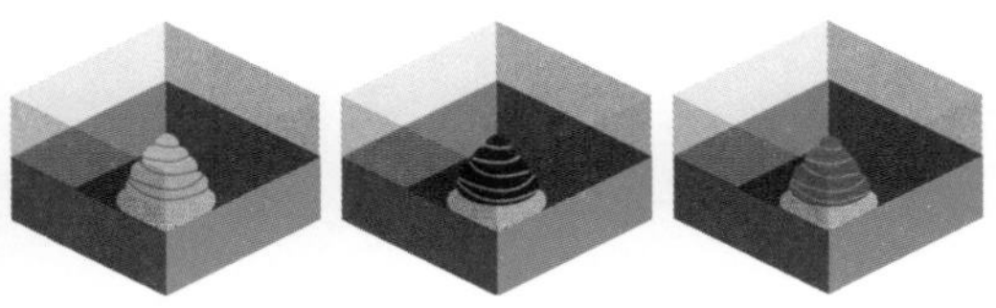

3盒1个装的纸杯蛋糕

$3 \times 1 = 3$

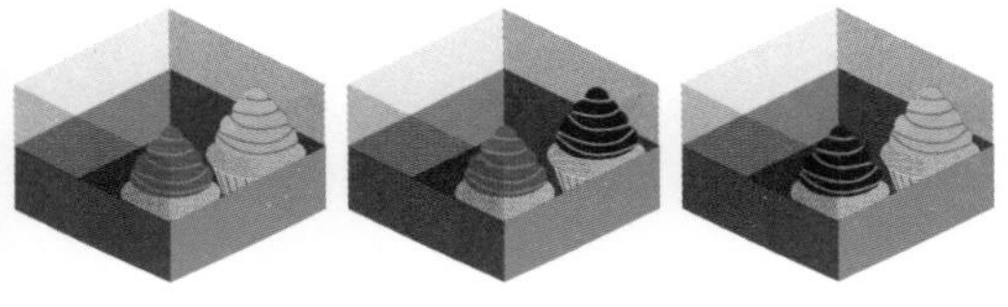

3盒2个装的纸杯蛋糕

$3 \times 2 = 6$

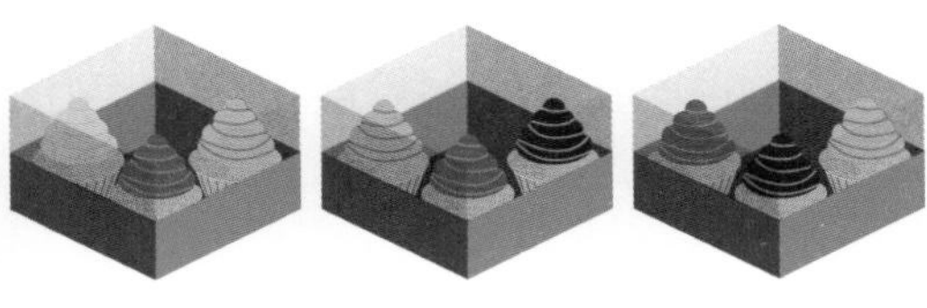

3盒3个装的纸杯蛋糕

$3 \times 3 = 9$

3盒4个装的纸杯蛋糕

$3 \times 4 = 12$

练 习

填一填。

❶ $7 \times 0 = \square$

❷ $8 \times \square = 8$

❸ $\square \times 1 = 12$

❹ $11 \times \square = 0$

❺ $\square \times 9 = 9$

❻ $\square \times 6 = 0$

6、7、9做除数

准备

你能帮拉维算出这些等式吗？

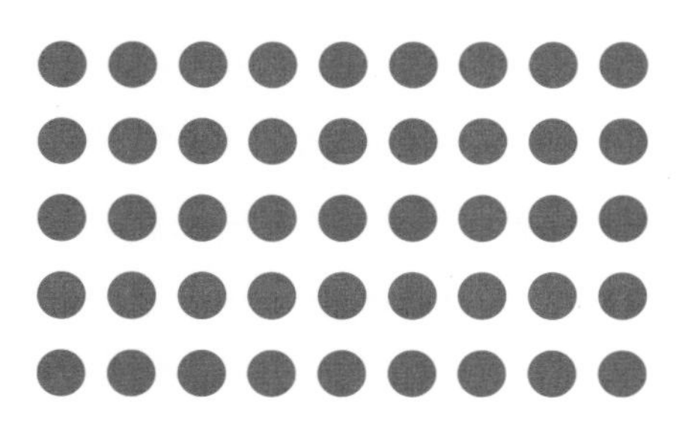

45 ÷ 9 = ?

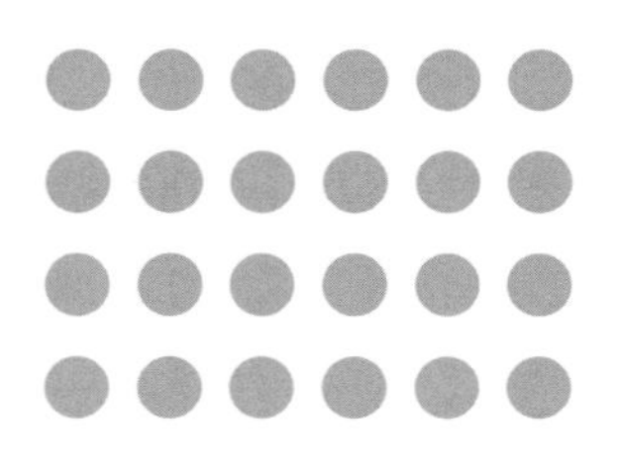

24 ÷ 6 = ?

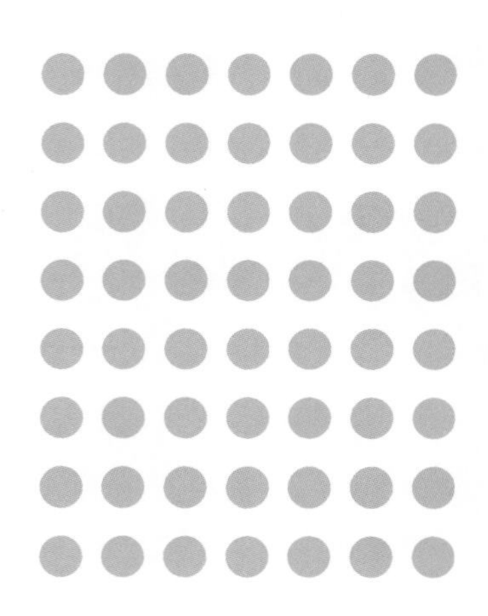

56 ÷ 7 = ?

举例

总共有45个●。
每行有9个●。

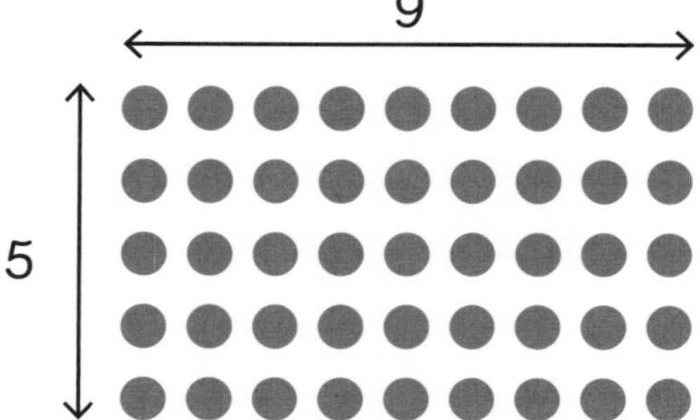

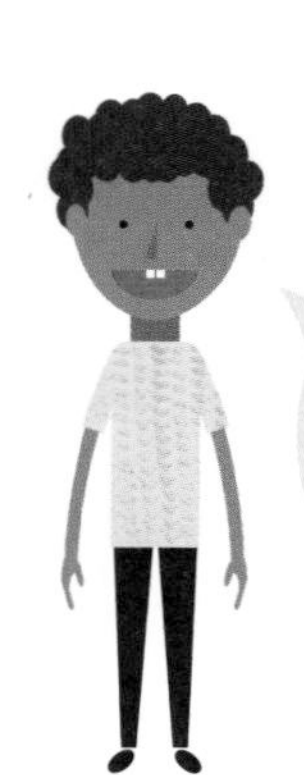

有5行。
45 ÷ 9 = 5

练 习

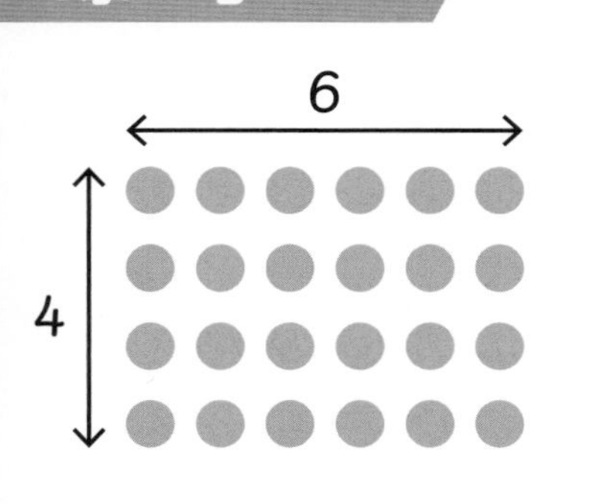

总共有24个●。

每行有6个●。

有4行。

$24 \div 6 = 4$

总共有8行，

每行7个●。

$56 \div 7 = 8$

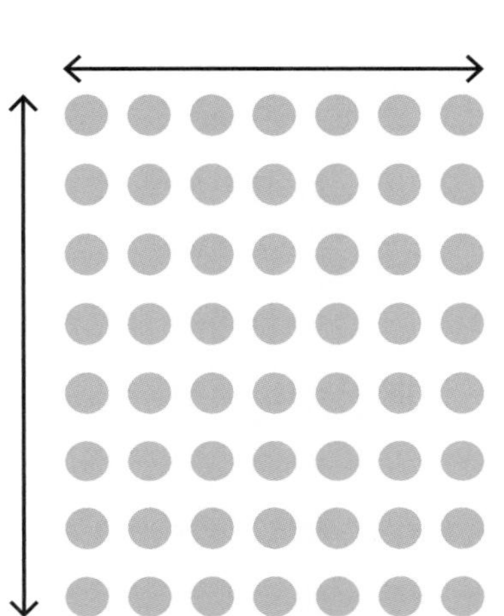

练 习

1 (1)

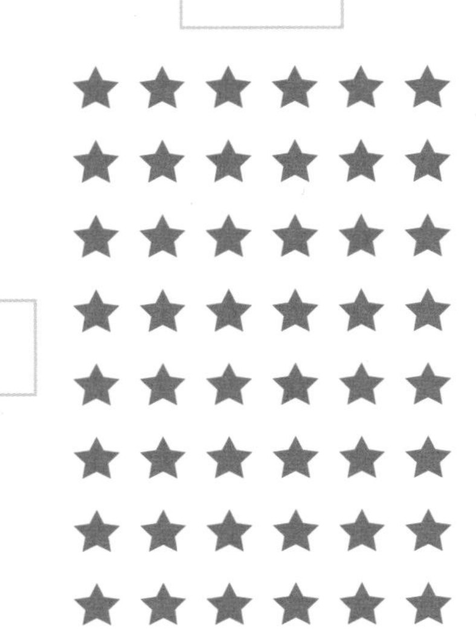

每行有 ☐ 个  。

有 ☐ 行。

$48 \div$ ☐ $=$ ☐

(2)

每行有 □ 个 ■。

有 □ 行。

27 ÷ □ = □

(3)

每行有 □ 个 ■

有 □ 行。

35 ÷ □ = □

2 (1) 把圆片分成7个一组，圈出来。

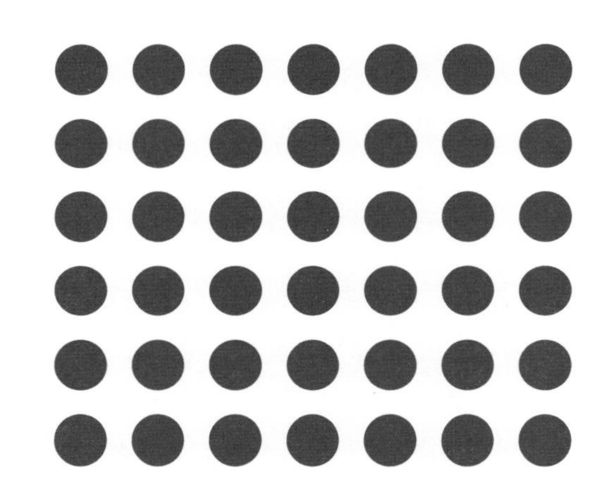

能分成 □ 组。

(2) 把圆片平均分成7组，圈出来。

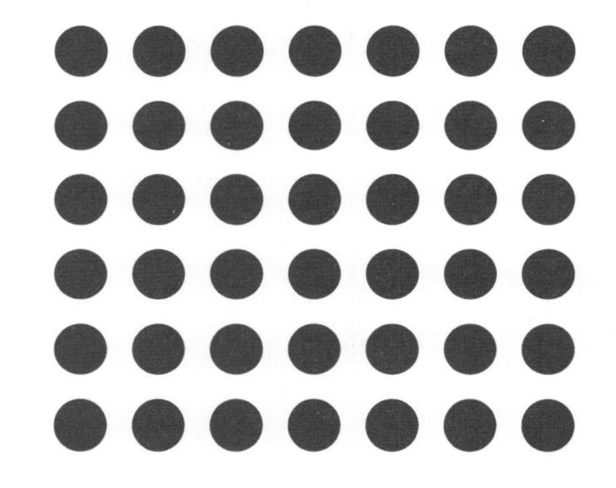

每组 □ 个。

3 除一除。

(1) 54 ÷ 9 = □

(2) 60 ÷ 6 = □

(3) 35 ÷ 7 = □

(4) 72 ÷ 9 = □

(5) $49 \div 7 =$ ☐

(6) $18 \div 6 =$ ☐

(7) $36 \div 9 =$ ☐

(8) $42 \div 7 =$ ☐

(9) $42 \div 6 =$ ☐

(10) $81 \div 9 =$ ☐

(11) $28 \div 7 =$ ☐

(12) $21 \div 7 =$ ☐

4 面包师一次能烤6个面包，午饭前他烤了48个。

算一算，他烤了几次？

面包师烤了 ☐ 次。

5 56个小朋友报名参加篮球俱乐部，每个篮球队由7个队员组成。

算一算，56个小朋友能组成多少个篮球队？

他们能组成 ☐ 个篮球队。

11做除数

准备

阿米拉的爸爸妈妈正在为外甥的婚礼安排座位。共有88把椅子和11张桌子。

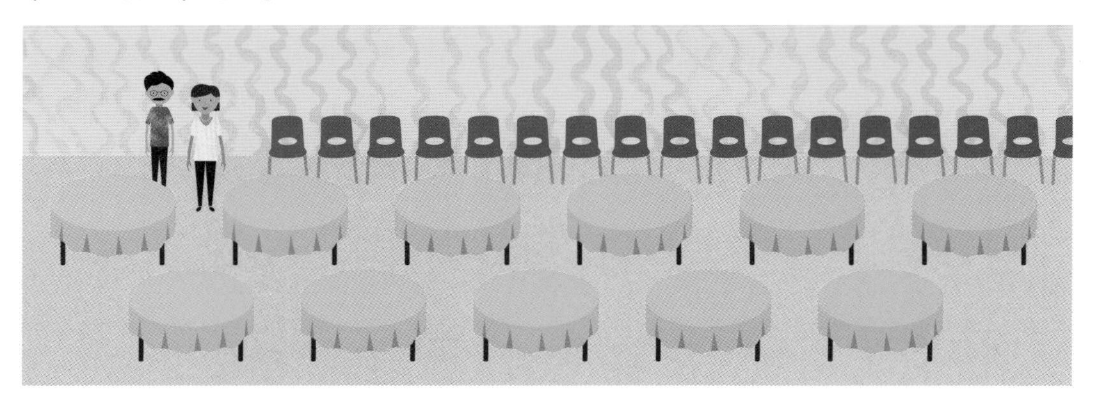

每张桌子配几把椅子？

举例

用11除88。

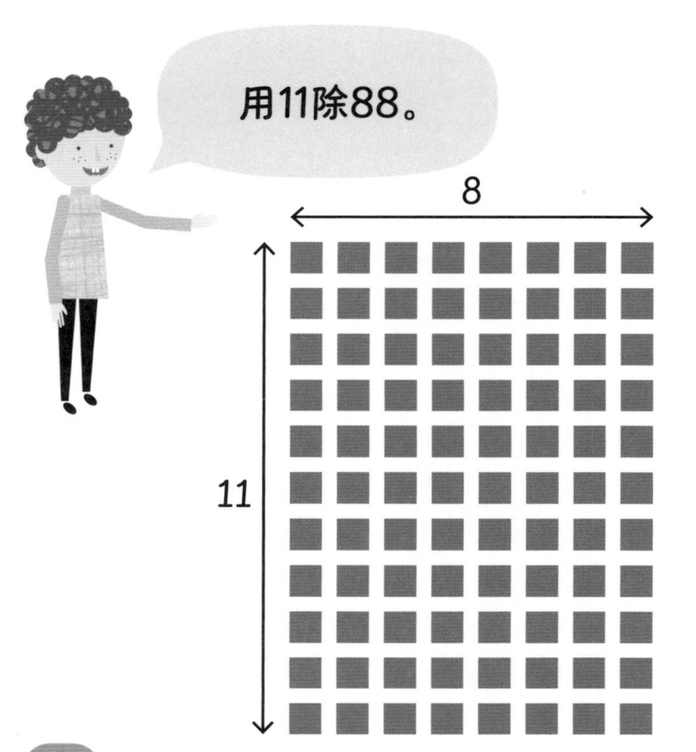

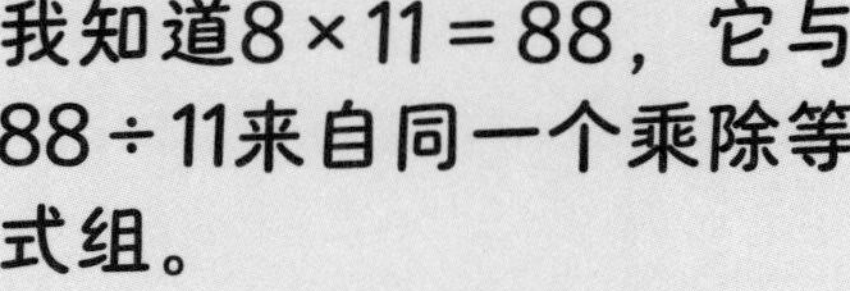

我知道8×11=88，它与88÷11来自同一个乘除等式组。

这是8和11的乘除等式组。

$8 \times 11 = 88$　　$11 \times 8 = 88$

$88 \div 8 = 11$　　$88 \div 11 = 8$

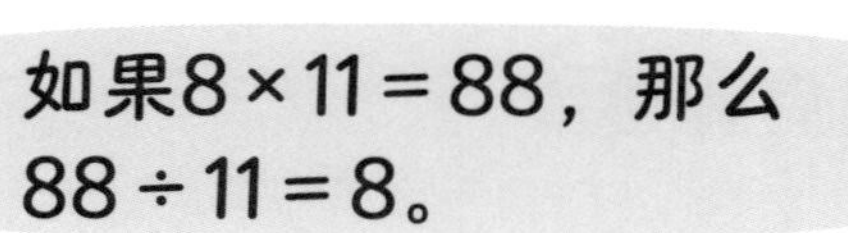

如果8×11=88，那么88÷11=8。

练 习

1 除一除。

(1) $22 \div 11 =$ ☐　　(2) $11 \div 11 =$ ☐

(3) $33 \div 11 =$ ☐　　(4) $66 \div 11 =$ ☐

(5) $88 \div 11 =$ ☐　　(6) $44 \div 11 =$ ☐

完成下列乘除等式组。

$99 \div 11 =$ ☐　　$99 \div$ ☐ $=$ ☐

$9 \times$ ☐ $=$ ☐　　☐ $\times$ ☐ $=$ ☐

3 查尔斯的游戏卡数量是奥克的10倍。他们俩总共有77张卡片。

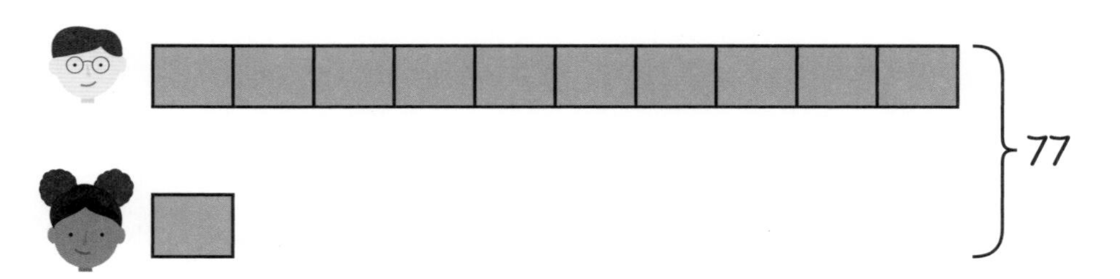

奥克有多少张游戏卡？

奥克有 ☐ 张游戏卡。

12做除数

准备

阿米拉有48张游戏卡，她要把这些卡每12张分成一摞做游戏。

举例

我知道$4 \times 12 = 48$。

如果$4 \times 12 = 48$，
那么$48 \div 12 = 4$。

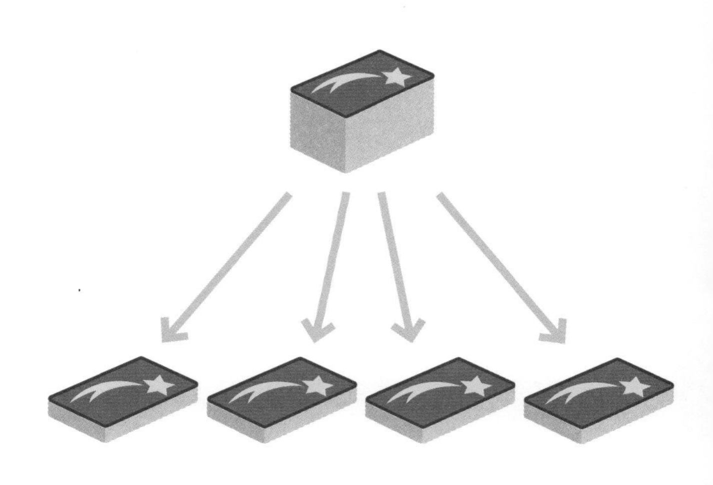

$48 \div 12 = 4$

阿米拉能把卡片分成 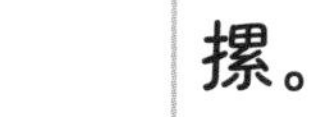 摞。

练 习

1 除一除。

(1) 60 ÷ 12 = ☐ (2) 84 ÷ 12 = ☐

(3) 12 ÷ 12 = ☐ (4) 120 ÷ 12 = ☐

(5) 132 ÷ 12 = ☐ (6) 144 ÷ 12 = ☐

2 完成下列乘除等式组。

72 ÷ 12 = ☐ 72 ÷ ☐ = ☐

12 × ☐ = ☐ ☐ × ☐ = ☐

3 有96个人排队坐过山车，一趟车只能上12个人。

为了让所有人都玩一次，过山车需要运行多少趟？

为了让所有人都玩一次，过山车需要运行 ☐ 趟。

10和100倍数的乘法

第8课

准备

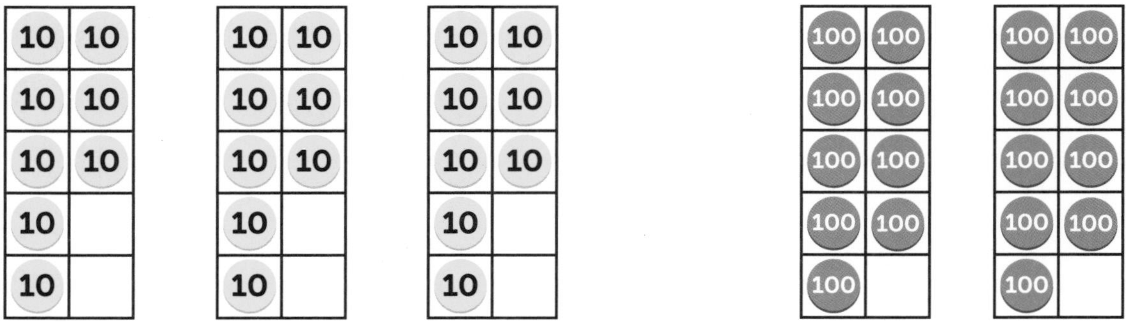

图中有多少个十、多少个百？

举例

每个都有8个十。
8个十 = 80

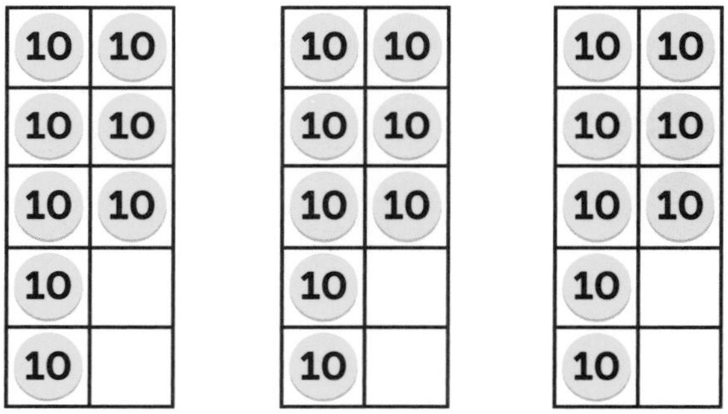

3 × 8个十 = 24个十
24个十 = 240

每个都有9个一百。
9个一百 = 900

2 × 9个一百 = 18个一百
18个一百 = 1800

练 习

填一填。

1

□ × 4 个十 = □ 个十

3 × 40 = □

2

5 × □ 个百 = □ 个百

5 × 800 = □

3

(1) 5 × 50 = □

(2) 6 × 30 = □

(3) 2 × 600 = □

(4) □ × 300 = 1200

(5) 8 × 900 = □

(6) 6 × □ = 4200

两位数乘法

第9课

准备

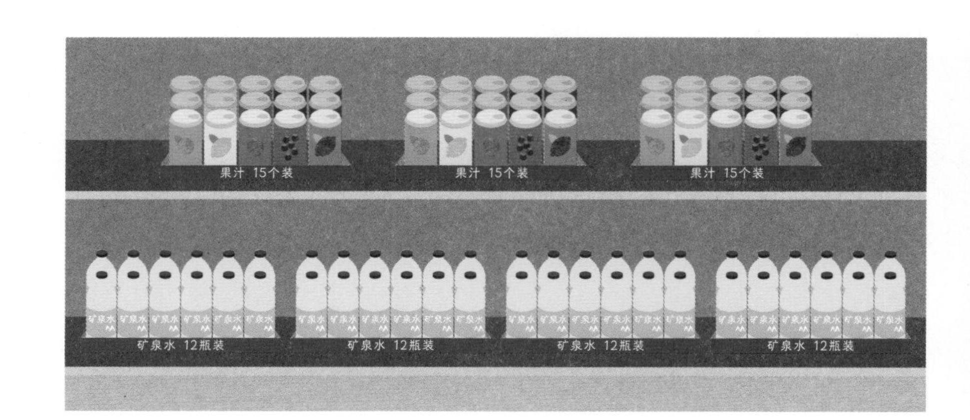

每种饮品分别有多少？

举例

用4乘12来算矿泉水的数量。

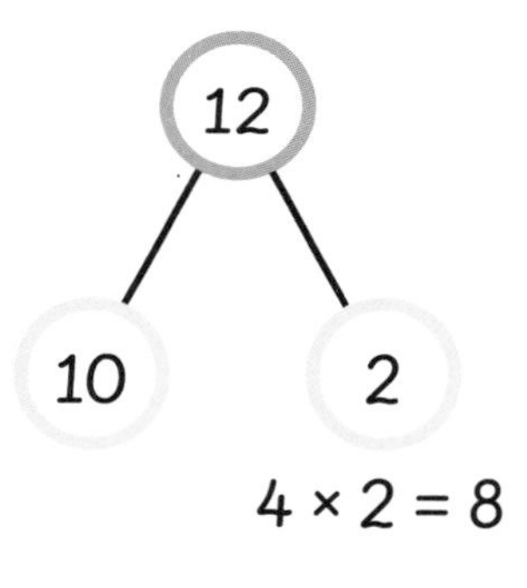

$4 \times 2 = 8$

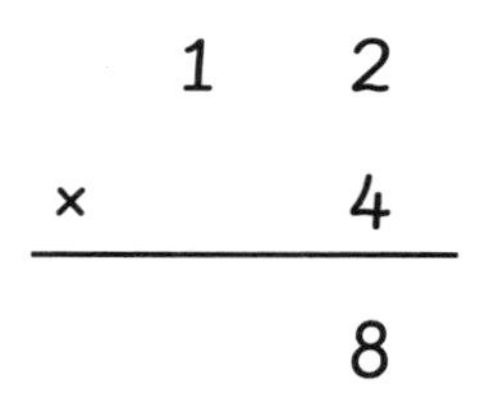

$$\begin{array}{r} 1\ 2 \\ \times\quad 4 \\ \hline 8 \end{array}$$

10	1	1
10	1	1
10	1	1
10	1	1

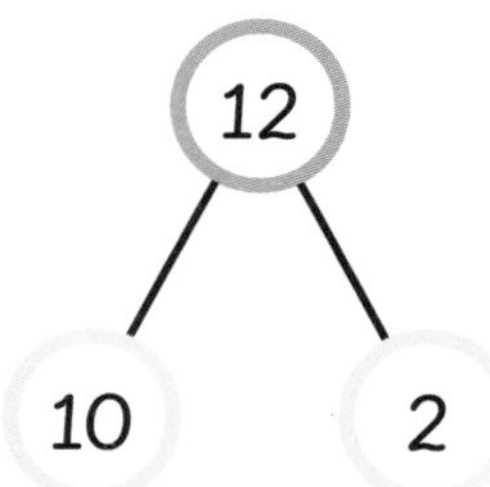

$4 \times 10 = 40$

$$\begin{array}{r} 1\ 2 \\ \times\quad 4 \\ \hline 8 \\ +\ 4\ 0 \\ \hline 4\ 8 \\ \hline \end{array}$$

$4 \times 12 = 48$

一共有48瓶矿泉水。

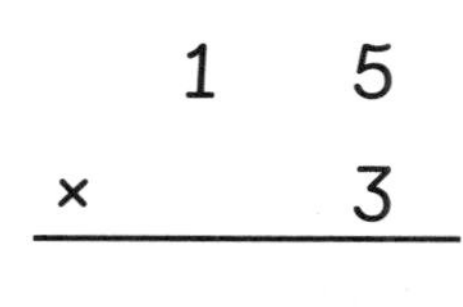

个位相乘。

10	1	1	1	1	1
10	1	1	1	1	1
10	1	1	1	1	1

$$\begin{array}{rrr} & 1 & 5 \\ \times & & 3 \\ \hline & 1 & 5 \\ \hline \end{array} \qquad \begin{array}{rrr} & 1 & 5 \\ \times & {}_{1} & 3 \\ \hline & & 5 \\ \hline \end{array}$$

十位相乘，然后相加。

$$\begin{array}{rrr} & 1 & 5 \\ \times & {}_{1} & 3 \\ \hline & 3 & 5 \\ \hline \end{array} \qquad \begin{array}{rrr} & 1 & 5 \\ \times & & 3 \\ \hline & 1 & 5 \\ + & 3 & 0 \\ \hline & 4 & 5 \\ \hline \end{array}$$

$15 \times 3 = 45$

一共有45罐果汁。

练 习

乘一乘。

 $14 \times 2 =$ ☐

$$\begin{array}{rrr} & 1 & 4 \\ \times & & 2 \\ \hline & & \square \\ + & \square & \square \\ \hline & \square & \square \\ \hline \end{array}$$

2 $37 \times 6 =$ ☐

$$\begin{array}{rrrr} & & 3 & 7 \\ \times & & & 6 \\ \hline & & \square & \square \\ + & \square & \square & \square \\ \hline & \square & \square & \square \\ \hline \end{array}$$

三位数的不进位乘法

第10课

准备

拉维和家人想买4把新椅子放在厨房。他们看中的4把椅子每把122元。这4把椅子总共多少钱？

举例

用4乘122。

个位相乘。

$$
\begin{array}{r}
1\ 2\ 2 \\
\times\quad\ \ 4 \\
\hline
8
\end{array}
$$

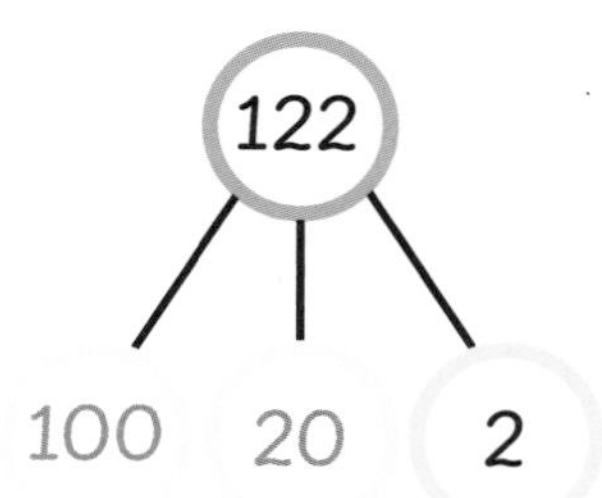

十位相乘。

$$
\begin{array}{r}
1\ 2\ 2 \\
\times\quad\ \ 4 \\
\hline
8 \\
8\ 0
\end{array}
$$

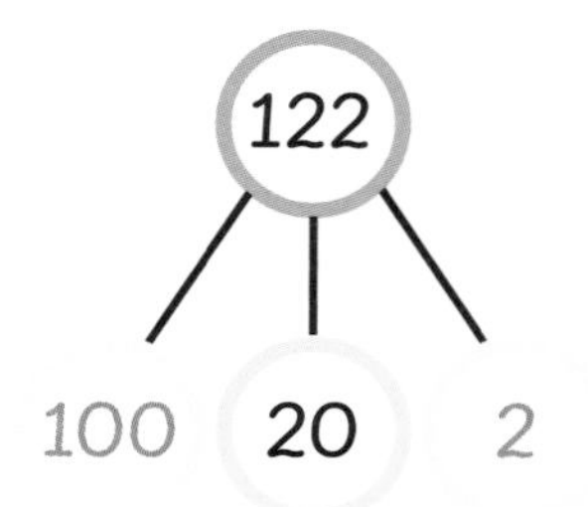

百位相乘。

```
    1  2  2
×         4
-----------
          8
       8  0
+   4  0  0
-----------
    4  8  8
```

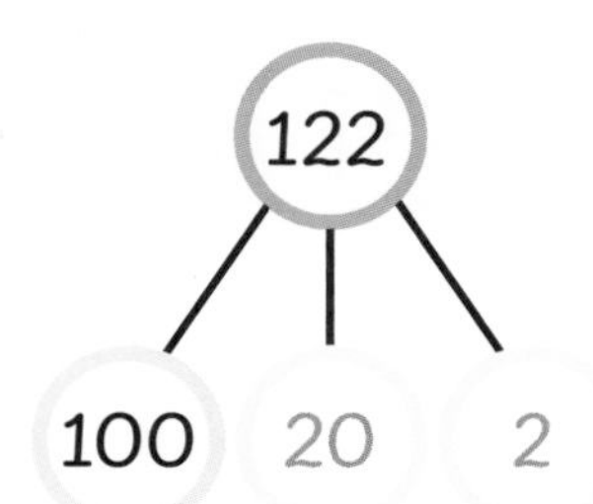

做加法。

这4把椅子总共488元。

练 习

1. 232 × 3 = ☐

```
    2  3  2
×         3
-----------
          ☐
       ☐  ☐
+   ☐  ☐  ☐
-----------
    ☐  ☐  ☐
```

2. 431 × 2 = ☐

```
    4  3  1
×         2
-----------
          ☐
       ☐  ☐
+   ☐  ☐  ☐
-----------
    ☐  ☐  ☐
```

3. 430 × 2 = ☐

```
    4  3  0
×         2
-----------
          ☐
       ☐  ☐
+   ☐  ☐  ☐
-----------
    ☐  ☐  ☐
```

4. 201 × 4 = ☐

```
    2  0  1
×         4
-----------
          ☐
       ☐  ☐
+   ☐  ☐  ☐
-----------
    ☐  ☐  ☐
```

三位数的进位乘法

第11课

准备

公交车往返于新德里和斋浦尔，每周跑3天，每天跑一趟来回。单程距离是324千米。这辆公交车每周跑多少千米？

举例

这辆公交车一共跑6趟：3趟去斋浦尔，3趟回新德里。用6乘324。

先个位相乘。

$$
\begin{array}{r}
3\ \ 2\ \ 4 \\
\times \quad {}_{2}6 \\
\hline
4 \\
\hline
\end{array}
$$

先个位相乘。4个一×6＝24个一。在个位上写4，在十位旁写2，表示2个十。

再十位相乘。

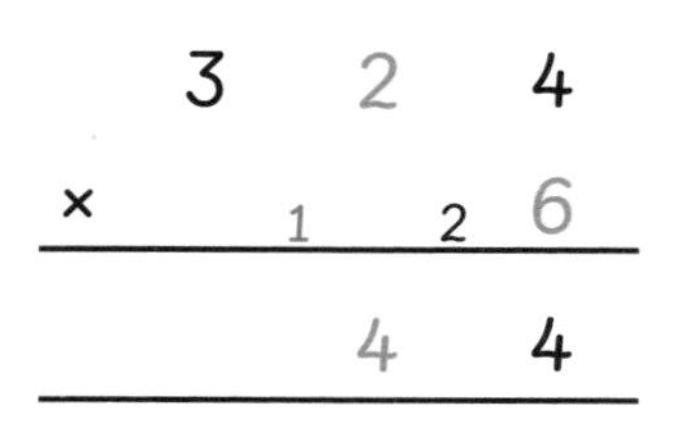

再十位相乘。2个十×6＝12个十。把2个十和12个十相加组成14个十。在十位上写4，在百位旁写1，表示1个一百。

最后百位相乘。

		3	2	4
×		1	2	6
	1	9	4	4

最后百位相乘。3个百×6=18个百。把1个百和18个百相加组成19个百。在千位上写1，百位上写9。

$324 \times 6 = 1944$

这辆公交车每周跑1944千米。

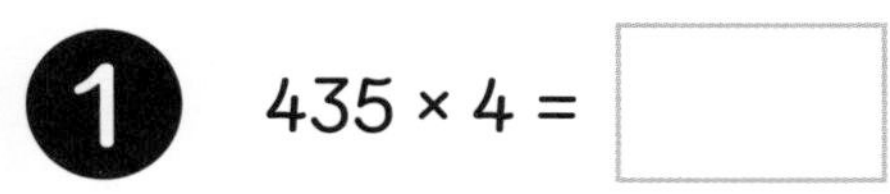

练习

乘一乘。

1 $435 \times 4 =$ ☐

	4	3	5
×			4

2 $337 \times 3 =$ ☐

	3	3	7
×			3

3 $475 \times 9 =$ ☐

	4	7	5
×			9

4 $825 \times 2 =$ ☐

	8	2	5
×			2

5 $469 \times 5 =$ ☐

	4	6	9
×			5

6 $576 \times 6 =$ ☐

	5	7	6
×			6

多个数相乘

第12课

准备

查尔斯和爸爸正在为学校烘焙义卖制作蛋糕，一次能烤2盘，每盘能装6个蛋糕。

他们这天一共烤了4次。

他们一共烤了多少个蛋糕？

举例

烤了4次，每次烤2盘，每盘6个蛋糕。那就是$2\times6\times4$。

首先要弄清楚每次能烤多少个蛋糕。

$2\times6=12$，每次能烤12个蛋糕。

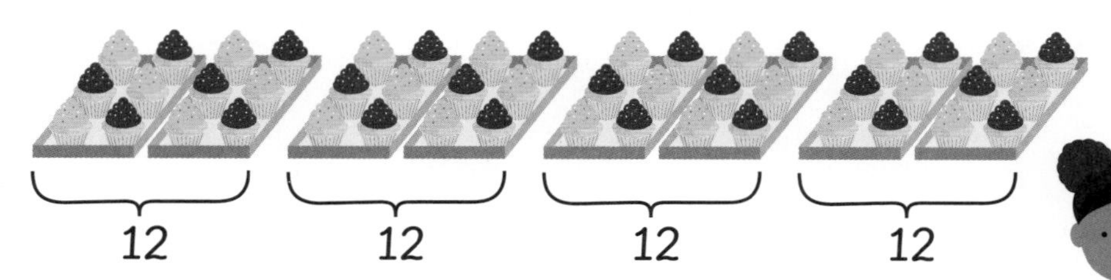

2×6×4等于12×4。

$2 \times 6 \times 4 = 12 \times 4 = 48$

他们一共烤了48个蛋糕。

2

先算烤了4次，每次2盘。

每盘有6个蛋糕。那就是4×2×6。

6	6		6	6		6	6		6	6

$4 \times 2 \times 6 = 8 \times 6 = 48$

他们一共烤了48个蛋糕。

练习

连一连。

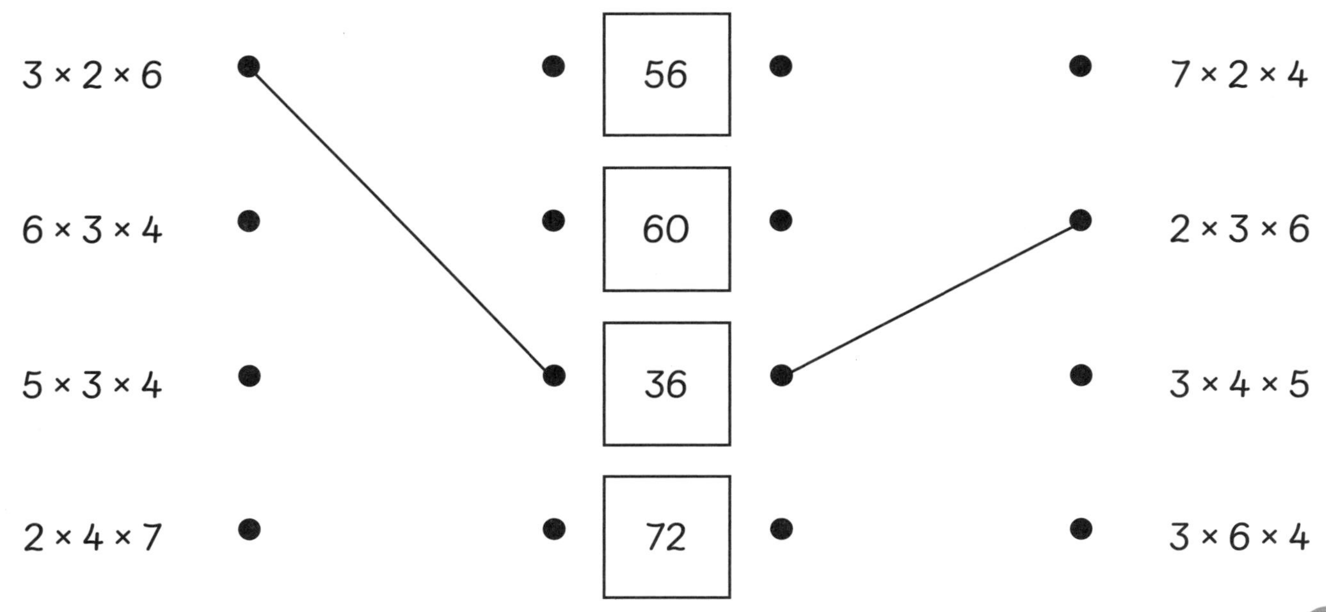

3 × 2 × 6 　　　　56　　　　7 × 2 × 4

6 × 3 × 4 　　　　60　　　　2 × 3 × 6

5 × 3 × 4 　　　　36　　　　3 × 4 × 5

2 × 4 × 7 　　　　72　　　　3 × 6 × 4

两位数除法

第13课

准备

78位老师要来参加吉福德先生的培训班。他想安排每一桌坐相同的人数。

举例

用除法来计算。先从78 ÷ 6开始算。

可以把78分成60和18。

$60 \div 6 = 10$

$18 \div 6 = 3$

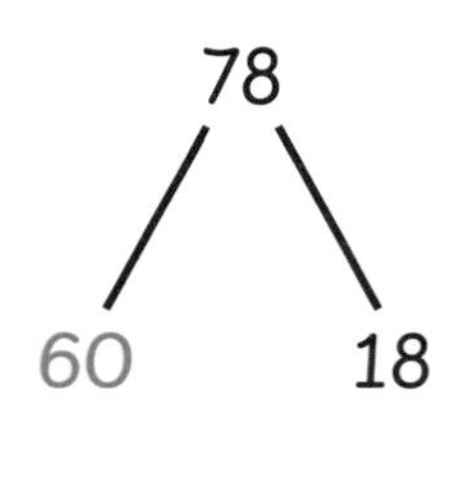

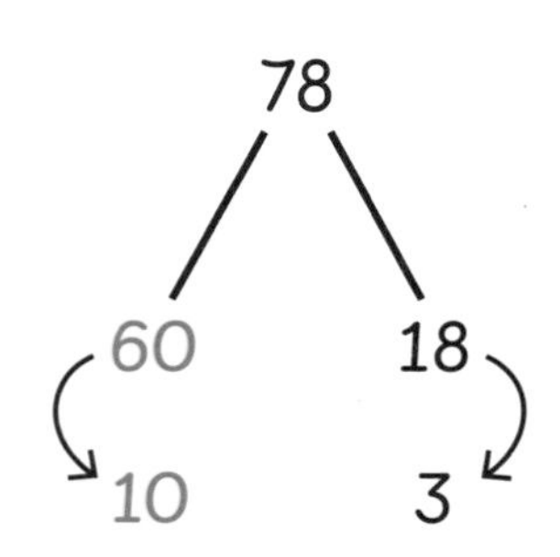

如果吉福德先生摆出13张桌子，那么每张桌子可以坐6个人。

如果是78÷4呢？

可以把78分成40和38，然后把38分成36和2。

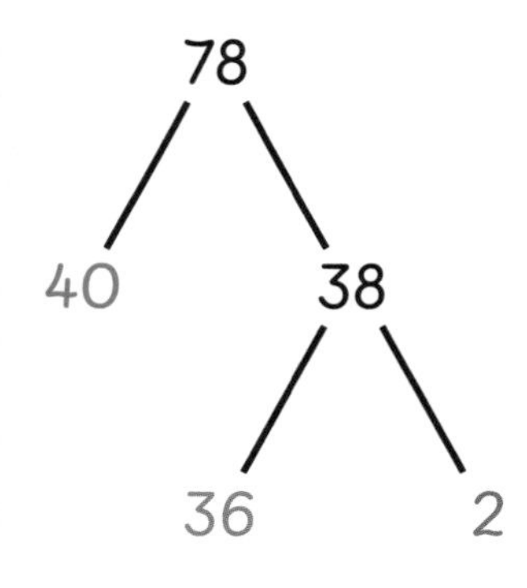

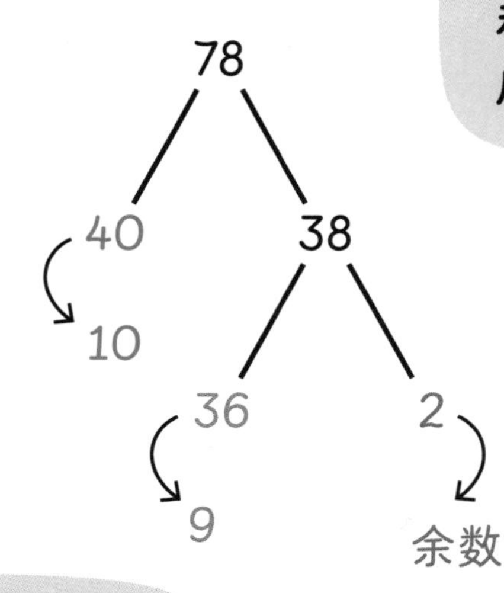

40÷4＝10，
36÷4＝9，
那2呢？

如果是78÷4呢？

```
     ____        4个十÷4        36个一÷4
4 )  7  8           1            1  9
                 ____          ____
   - 4        4 ) 7  8      4 ) 7  8
   ----          - 4           - 4
     3  8        ----          ----
   - 3  6          3  8          3  8
   ------        - 3  6        - 3  6
        2        ------        ------
                      2             2
                                  余数
```

可以安排19张桌子，每张桌子周围坐4个人，但是会有2位老师没座位。

78 ÷ 6 = 13
78 ÷ 4 = 19 余 2

如果吉福德先生想安排每一桌坐相同的人数，那么每张桌子坐6位老师。

练 习

1 平均分为3组并圈出来。

$48 \div 3 =$ ☐

2 除一除。

(1) $72 \div 4 =$ ☐

(2) $54 \div 3 =$ ☐

(3) $87 \div 5 =$ ☐

余数 ☐

(4) $99 \div 7 =$ ☐

余数 ☐

$5 \overline{)\ 8\ \ 7}$

$7 \overline{)\ 9\ \ 9}$

(5) $95 \div 3 =$ ☐

(6) $97 \div 4 =$ ☐

$3 \overline{)\ 9\ \ 5}$

$4 \overline{)\ 9\ \ 7}$

3 扑克牌游戏结束后，汉娜的点数是奥克的3倍，萨姆的点数是奥克的2倍。他们总共的点数是72。奥克的点数是多少？

奥克的点数是 ☐ 。

4 5个人玩卡牌游戏，把52张牌平均分给所有玩家，余下的牌作废。每个玩家分到多少张牌？有多少张牌作废？

每个玩家分到 ☐ 张牌。

☐ 张牌作废。

三位数除法

第14课

准备

$609 \div 3 =$

$364 \div 7 =$

$400 \div 6 =$

如何计算这些除法算式？

举例

用长除法计算609除3。

3)	6	0	9
−	6		
			9
−			9
			0

6个百 ÷ 3

	2		
3)	6	0	9
−	6		
			9
−			9
			0

9个一 ÷ 3

	2	0	3
3)	6	0	9
−	6		
			9
−			9
			0

$609 \div 3 = 203$

可以把364分成350和14。

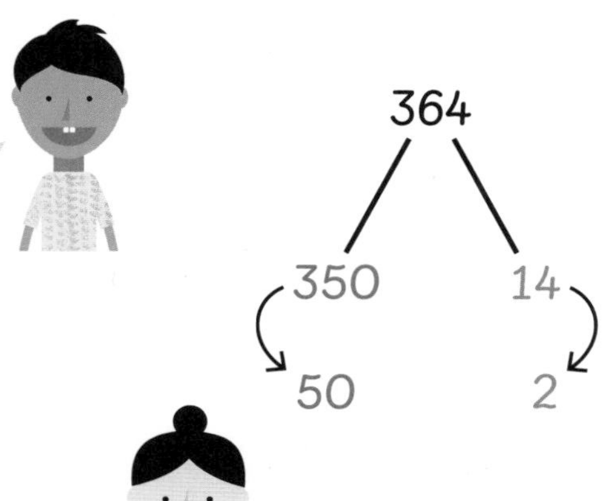

14 ÷ 7 = 2

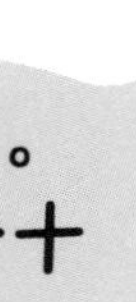

350是35个十。
35个十 ÷ 7 = 5个十
350 ÷ 7 = 50。

然后把两个商相加。
50 + 2 = 52
364 ÷ 7 = 52。

还可以这样做。

			5	
7	)	3	6	4
	−	3	5	

			5	2
7	)	3	6	4
	−	3	5	
			1	4
	−		1	4

			5	2
7	)	3	6	4
	−	3	5	
			1	4
	−		1	4
				0

可以用同样的方法计算400除以6。

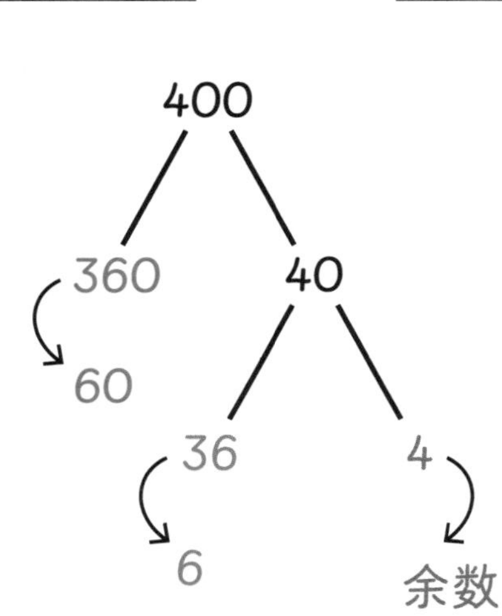

```
        6
6 ) 4   0   0
  - 3   6
  ----------

  ----------

  ----------
```

```
        6   6
6 ) 4   0   0
  - 3   6
  ----------
        4   0
  -     3   6
  ----------

  ----------
```

```
        6   6
6 ) 4   0   0
  - 3   6
  ----------
        4   0
  -     3   6
  ----------
            4
  ----------
```

$400 \div 6 = 66$ 余 4

练 习

除一除。

❶ $525 \div 5 =$ ☐

```
5 ) 5   2   5
```

❷ $756 \div 6 =$ ☐

```
6 ) 7   5   6
```

❸ $520 \div 8 =$ ☐

```
8 ) 5   2   0
```

❹ $693 \div 7 =$ 

```
7 ) 6   9   3
```

5. $824 \div 8 =$ ______

$8 \overline{)\ 8\ 2\ 4}$

6. $945 \div 9 =$ ______

$9 \overline{)\ 9\ 4\ 5}$

7. $300 \div 6 =$ ______

$6 \overline{)\ 3\ 0\ 0}$

8. $920 \div 4 =$ ______

$4 \overline{)\ 9\ 2\ 0}$

9. $569 \div 5 =$ ______

$5 \overline{)\ 5\ 6\ 9}$

10. $839 \div 4 =$ ______

$4 \overline{)\ 8\ 3\ 9}$

11. $395 \div 7 =$ ______

$7 \overline{)\ 3\ 9\ 5}$

12. $400 \div 3 =$ ______

$3 \overline{)\ 4\ 0\ 0}$

回顾与挑战

1 填一填。

(1)

9 × 6 = ______

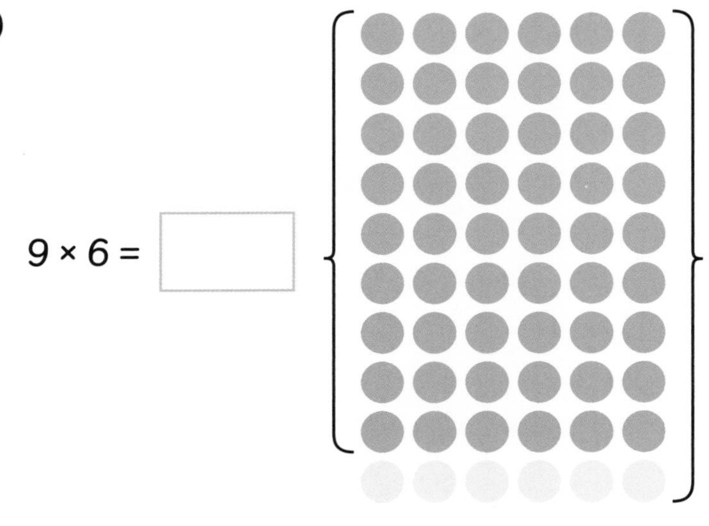

10 × 6 = ______

(2)

2 × 6 = ______

2 × 6 = ______

1 × 6 = ______

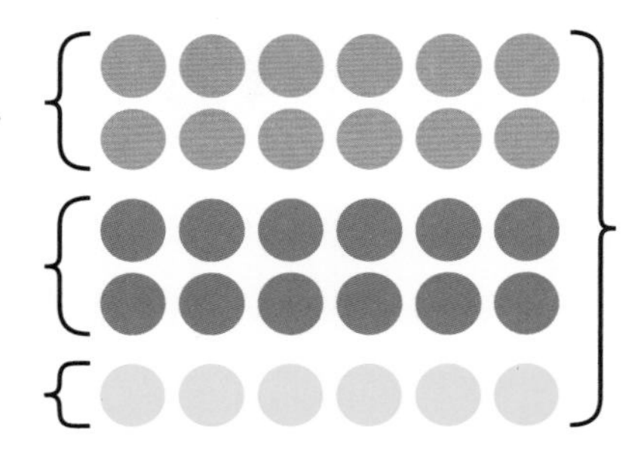

5 × 6 = ______

(3)

2 × 7 = ______

2 × 7 = ______

4 × 7 = ______

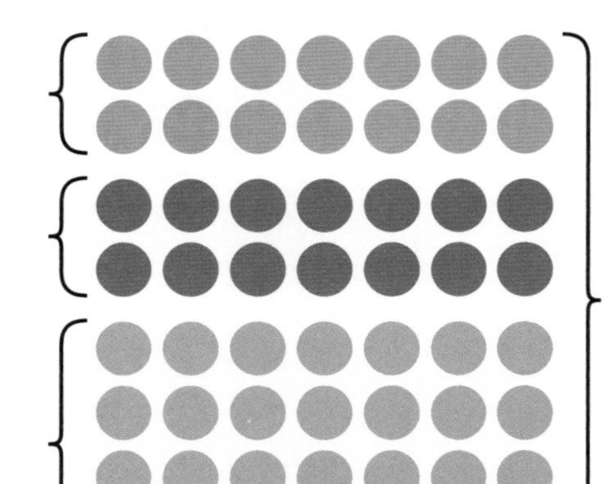

8 × 7 = ______

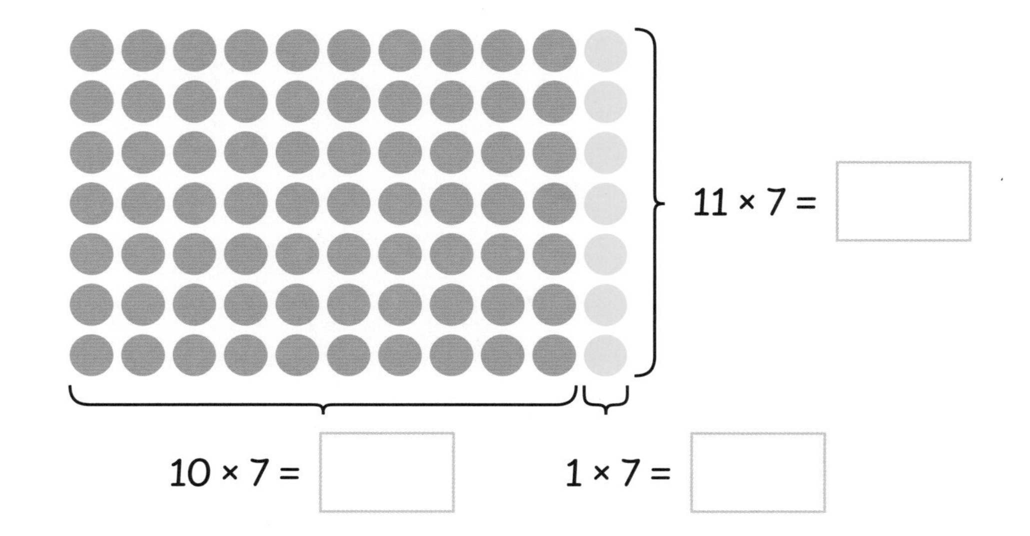

❷ 填一填。

(1) $6 \times 5 = \square$　　(2) $7 \times 8 = \square$

(3) $9 \times 3 = \square$　　(4) $5 \times \square = 35$

(5) $\square \times 9 = 63$　　(6) $\square \times \square = 49$

❸ 乘一乘。

(1) $5 \times 10 = \square$　　(2) $5 \times 1 = \square$　　(3) $5 \times 11 = \square$

❹ 乘一乘。

(1) $10 \times 9 = \square$　　(2) $2 \times 9 = \square$　　(3) $12 \times 9 = \square$

(4) $11 \times 10 = \square$　　(5) $11 \times 2 = \square$　　(6) $11 \times 12 = \square$

❺ 填一填。

(1) $7 \times 0 = \square$　　(2) $\square \times 12 = 12$　　(3) $6 \times \square = 0$

6 (1) 7个一组，把它们圈出来。

共有 ☐ 个星星。

7个星星一组，共分成 ☐ 组。

☐ ÷ 7 = ☐

(2) 平均分成7组，把它们圈出来。

共有 ☐ 个星星。

平均分成7组，每组 ☐ 个星星。

☐ ÷ 7 = ☐

7 一大袋米的重量是一小袋米的6倍，两袋米加起来重14千克。两袋米分别有多重？

14千克

小袋米重 ☐ 千克。

大袋米重 ☐ 千克。

8 除一除。

(1) $54 \div 9 =$ ______

(2) $64 \div 8 =$ ______

(3) $42 \div 7 =$ ______

(4) $66 \div 11 =$ ______

9 园丁想把96朵花平均种在12个花盆里。每个花盆应该种多少朵花呢？

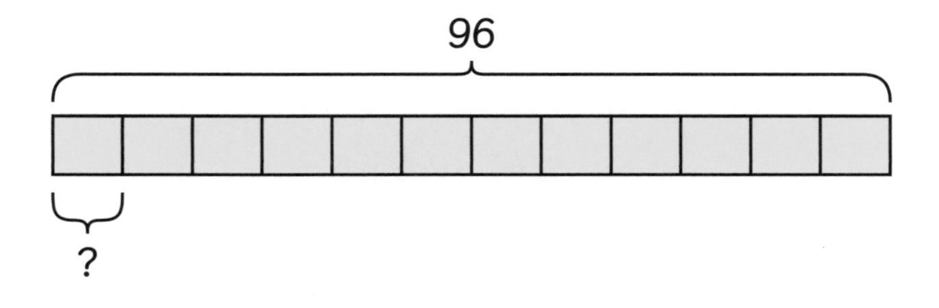

每个花盆应该种 ______ 朵花。

10 填一填。

(1) $3 \times 60 =$ ______

(2) $5 \times 40 =$ ______

(3) $3 \times 200 =$ ______

(4) ______ $\times 300 = 1500$

(5) $9 \times 700 =$ ______

(6) $7 \times$ ______ $= 4900$

11 填一填。

(1) $32 \times 6 =$ □

(2) $43 \times 7 =$ 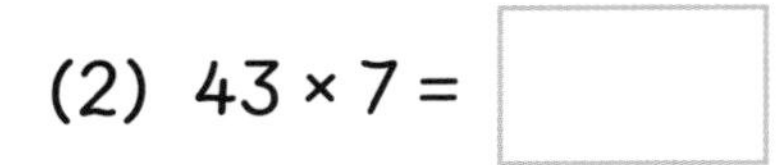

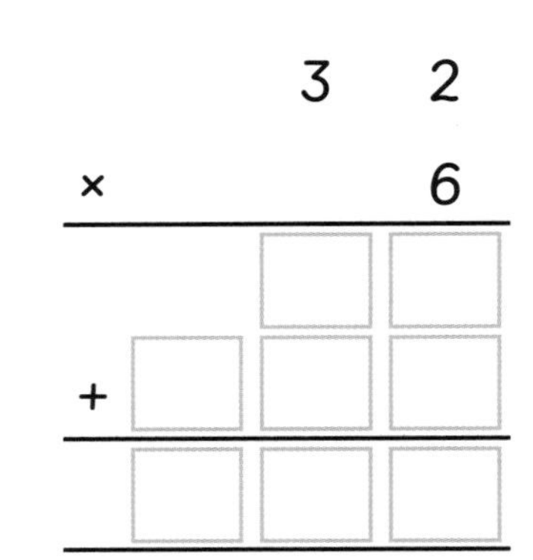

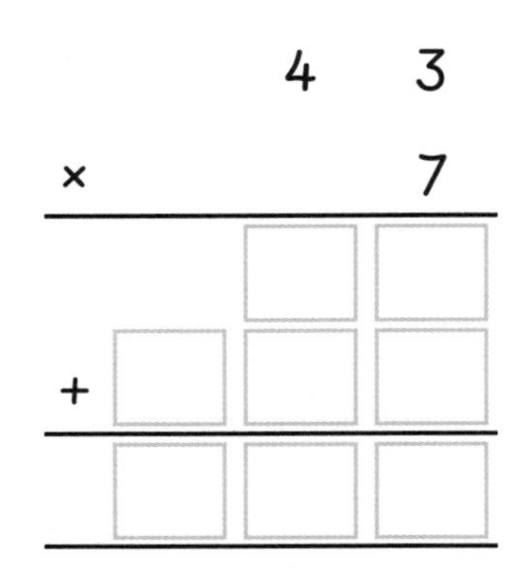

(3) $579 \times 4 =$ □

$$\begin{array}{r} 579 \\ \times \quad 4 \\ \hline \end{array}$$

(4) $645 \times 5 =$ □

$$\begin{array}{r} 645 \\ \times \quad 5 \\ \hline \end{array}$$

12 面包师一天能烤6次松饼，每次4盘，每盘装6个。每12个松饼打包成一盒。面包师一天能烤多少个松饼？

面包师一天能烤 □ 个松饼。

面包师能装满 □ 盒12个装的松饼。

13 除一除。

(1) $74 \div 3 =$ ______

3) 7 4

(2) $85 \div 9 =$ ______

9) 8 5

(3) $879 \div 6 =$ ______

6) 8 7 9

(4) $456 \div 8 =$ ______

8) 4 5 6

14 雅各布的游戏卡片数量是鲁比的6倍。汉娜的卡片数量是鲁比的5倍。
3个小朋友共有144张卡片。

雅各布和汉娜共有多少张卡片？

144

雅各布和汉娜共有  张卡片。

参考答案

第 7 页 1

10 × 7 = 70　　9 × 7 = 63　　1 × 7 = 7

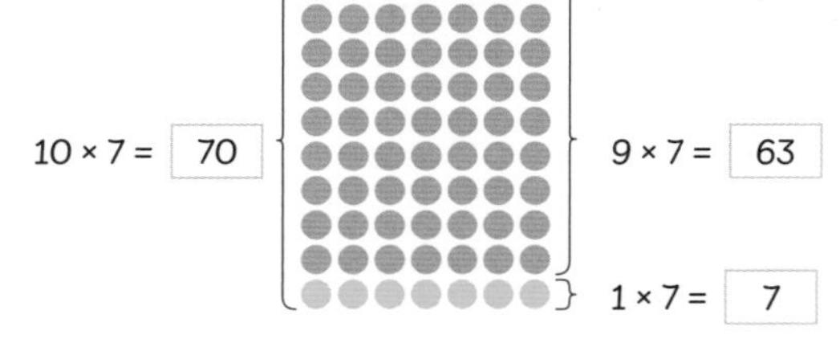

2 2 × 9 = 18　2 × 9 = 18　1 × 9 = 9　　5 × 9 = 45

3 (1) 4 × 6 = 24 (2) 3 × 9 = 27 (3) 8 × 7 = 56 (4) 6 × 7 = 42
(5) 5 × 6 = 30 (6) 5 × 9 = 45 (7) 7 × 9 = 63 (8) 9 × 7 = 63
(9) 10 × 6 = 60 (10) 4 × 7 = 28 (11) 4 × 9 = 36 (12) 7 × 7 = 49

第 9 页 1 8 × 10 = 80, 8 × 1 = 8, 8 × 11 = 80 + 8, 8 × 11 = 88
2 (1) 5 × 10 = 50 (2) 5 × 1 = 5 (3) 5 × 11 = 55 (4) 3 × 10 = 30
(5) 3 × 1 = 3 (6) 3 × 11 = 33 (7) 9 × 10 = 90 (8) 9 × 1 = 9
(9) 9 × 11 = 99 3 (1) 1 × 11 = 11 (2) 7 × 11 = 77 (3) 2 × 11 = 22
(4) 10 × 11 = 110 (5) 4 × 11 = 44 (6) 11 × 11 = 121

第 11 页 1 (1) 7 × 10 = 70 (2) 7 × 2 = 14 (3) 7 × 12 = 84 (4) 4 × 10 = 40
(5) 4 × 2 = 8 (6) 4 × 12 = 48 (7) 3 × 10 = 30 (8) 3 × 2 = 6
(9) 3 × 12 = 36 2 (1) 5 × 12 = 60 (2) 1 × 12 = 12 (3) 6 × 12 = 72
(4) 11 × 12 = 132 3 (1) 农场主这三天收获了10打鸡蛋。
(2) 他这三天总共收获了120个鸡蛋。

第 13 页 1 7 × 0 = 0 2 8 × 1 = 8 3 12 × 1 = 12 4 11 × 0 = 0
5 1 × 9 = 9 6 0 × 6 = 0

第 15 页 1 (1)

6　8

每行有6个★。有8行。
48 ÷ 6 = 8

第 16 页 (2)

9　3

每行2有9个■。
有3行。
27 ÷ 9 = 3

(3)

7　5

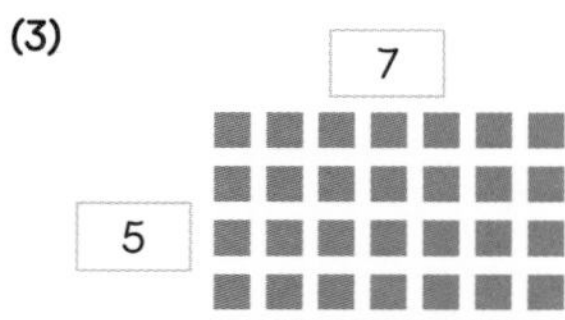

每行有7个■。有5行。
35 ÷ 7 = 5

2 (1)

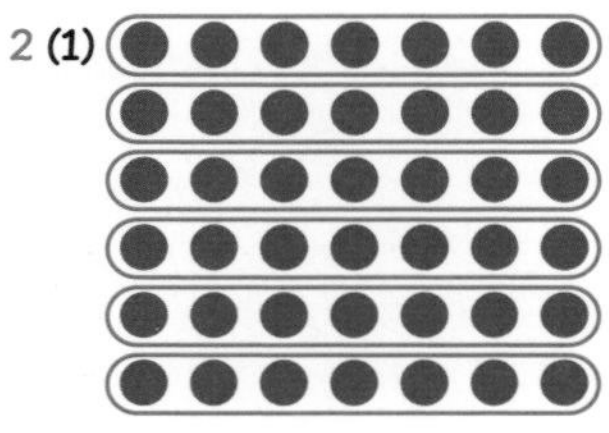

能分成6组。

(2)

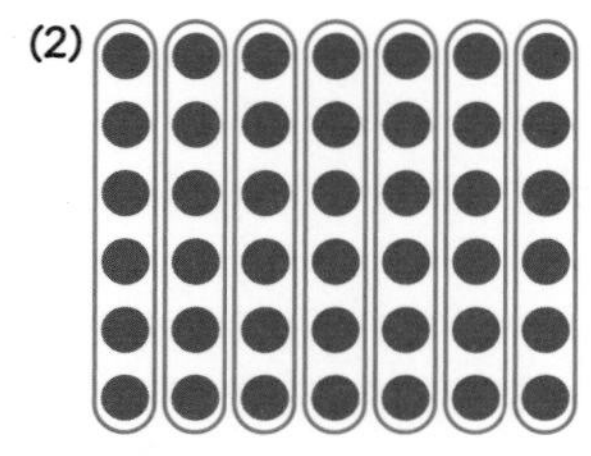

每组6个。

3 (1) 54 ÷ 9 = 6 (2) 60 ÷ 6 = 10 (3) 35 ÷ 7 = 5
(4) 72 ÷ 9 = 8

第 17 页 (5) 49 ÷ 7 = 7 (6) 18 ÷ 6 = 3 (7) 36 ÷ 9 = 4
(8) 42 ÷ 7 = 6 (9) 42 ÷ 6 = 7 (10) 81 ÷ 9 = 9 (11) 28 ÷ 7 = 4
(12) 21 ÷ 7 = 3 4 面包师烤了8次。
5 他们能组成8个篮球队。

第 19 页 (1) 22 ÷ 11 = 2 (2) 11 ÷ 11 = 1 (3) 33 ÷ 11 = 3
(4) 66 ÷ 11 = 6 (5) 88 ÷ 11 = 8 (6) 44 ÷ 11 = 4
2 99 ÷ 11 = 9, 99 ÷ 9 = 11, 9 × 11 = 99, 11 × 9 = 99
3 奥克有7张卡片。

第 21 页 1 (1) 60 ÷ 12 = 5 (2) 84 ÷ 12 = 7 (3) 12 ÷ 12 = 1
(4) 120 ÷ 12 = 10 (5) 132 ÷ 12 = 11 (6) 144 ÷ 12 = 12
2 72 ÷ 12 = 6, 72 ÷ 6 = 12, 12 × 6 = 72, 6 × 12 = 72
3 要让所有人都玩一次，过山车要运行8趟。

第 23 页 1 3 × 4 个十 = 12 个十, 3 × 40 = 120
2 5 × 8 个百 = 40 个百, 5 × 800 = 4 000
3 (1) 5 × 50 = 250 (2) 6 × 30 = 180 (3) 2 × 600 = 1200
(4) 4 × 300 = 1200 (5) 8 × 900 = 7200 (6) 6 × 700 = 4200

第 25 页 1 14 × 2 = 28

```
    1 4
 ×    2
 ------
      8
 +  2 0
 ------
    2 8
```

2 37 × 6 = 222

```
    3 7
 ×    6
 ------
    4 2
 +1 8 0
 ------
  2 2 2
```

第 27 页 1 232 × 3 = 696

```
   2 3 2
 ×     3
 -------
       6
 +   9 0
   6 0 0
 -------
   6 9 6
```

2 431 × 2 = 862

```
   4 3 1
 ×     2
 -------
       2
     6 0
 + 8 0 0
 -------
   8 6 2
```

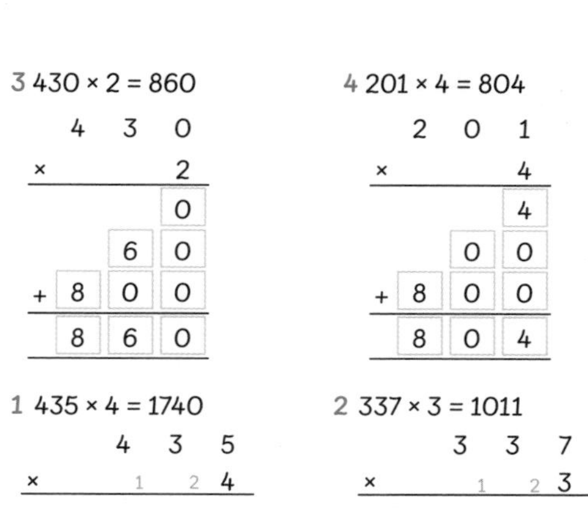

3 430 × 2 = 860　　4 201 × 4 = 804

430 × 2: 0, 60, + 800 = 860
201 × 4: 4, 00, + 800 = 804

第 29 页

1 435 × 4 = 1740

 435
× ¹ ²4
1740

2 337 × 3 = 1011

 337
× ¹ ²3
1011

3 475 × 9 = 4275

 475
× ⁶ ⁴9
4275

4 825 × 2 = 1650

 825
× ¹2
1650

5 469 × 5 = 2345

 469
× ³ ⁴5
2345

6 576 × 6 = 3456

 576
× ⁴ ³6
3456

第 31 页

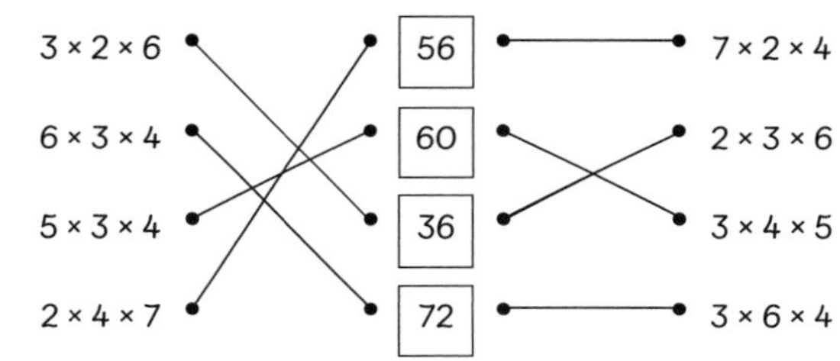

第 34 页

1

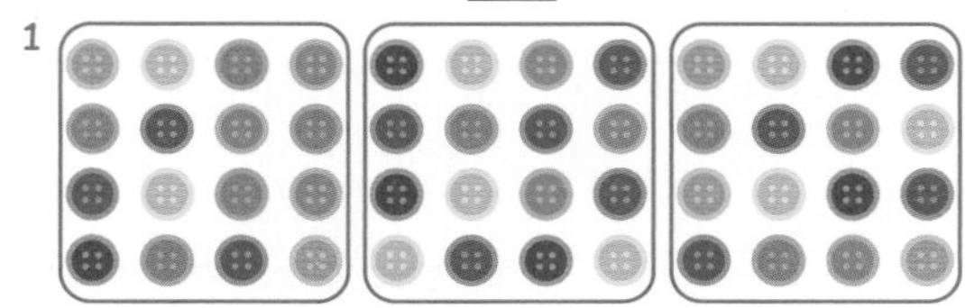

48 ÷ 3 = 16 **2** **(1)** 72 ÷ 4 = 18 **(2)** 54 ÷ 3 = 18

(3) 87 ÷ 5 = 17 17余2 **(4)** 99 ÷ 7 = 14 余 1

5) 87 = 17: − 5, 37, − 35, 2

7) 99 = 14: − 7, 29, − 28, 1

(5) 95 ÷ 3 = 31 余 2 **(6)** 97 ÷ 4 = 24 余 1

3) 95 = 31: − 9, 5, − 3, 2

4) 97 = 24: − 8, 17, − 16, 1

第 35 页　3 奥克的点数是12。 4 每个玩家分到10张牌。2张牌作废。

第 38 页

1 525 ÷ 5 = 105

5) 525 = 105: − 5, 25, − 25, 0

2 756 ÷ 6 = 126

6) 756 = 126: − 6, 15, − 12, 36, − 36, 0

3 520 ÷ 8 = 65

8) 520 = 65: − 48, 40, − 40, 0

4 693 ÷ 7 = 99

7) 693 = 99: − 63, 63, − 63, 0

第 39 页

5 824 ÷ 8 = 103

8) 824 = 103: − 8, 24, − 24, 0

6 945 ÷ 9 = 105

9) 945 = 105: − 9, 45, − 45, 0

7 300 ÷ 6 = 50

6) 300 = 50: − 3, 0, − 0, 0

8 920 ÷ 4 = 230

4) 920 = 230: − 8, 12, − 12, 0

9 569 ÷ 5 = 113 余 4

5) 569 = 113: − 5, 6, − 5, 19, − 15, 4

10 839 ÷ 4 = 209 余 3

4) 839 = 209: − 8, 39, − 36, 3

11 395 ÷ 7 = 56 余 3

7) 395 = 56: − 35, 45, − 42, 3

12 400 ÷ 3 = 133 余 1

3) 400 = 133: − 3, 10, − 9, 10, − 9, 1

第 40 页　1 **(1)**

9 × 6 = 54　　10 × 6 = 60

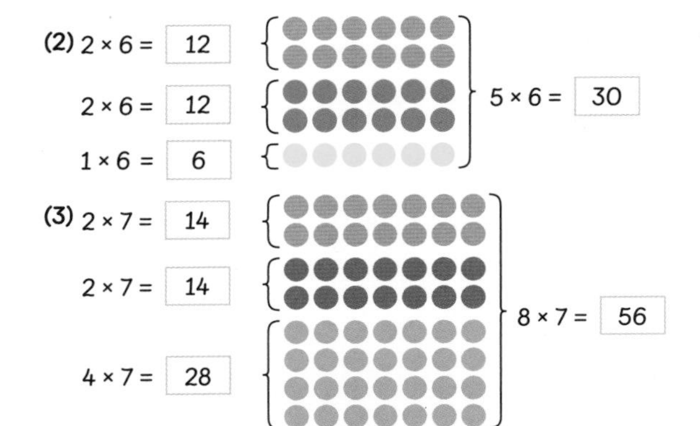

第 41 页 (1)

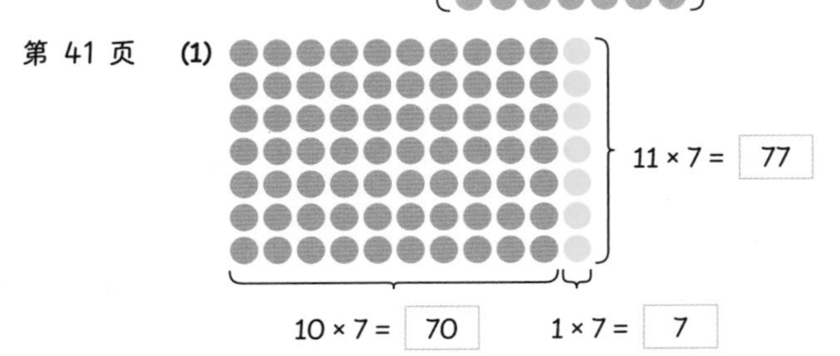

2 (1) $6 \times 5 = 30$ (2) $7 \times 8 = 56$ (3) $9 \times 3 = 27$ (4) $5 \times 7 = 35$
(5) $7 \times 9 = 63$ (6) $7 \times 7 = 49$ 3 (1) $5 \times 10 = 50$ (2) $5 \times 1 = 5$
(3) $5 \times 11 = 55$ 4 (1) $10 \times 9 = 90$ (2) $2 \times 9 = 18$ (3) $12 \times 9 = 108$
(4) $11 \times 10 = 110$ (5) $11 \times 2 = 22$ (6) $11 \times 12 = 132$
5 (1) $7 \times 0 = 0$ (2) $1 \times 12 = 12$ (3) $6 \times 0 = 0$

第 42 页 6 (1)

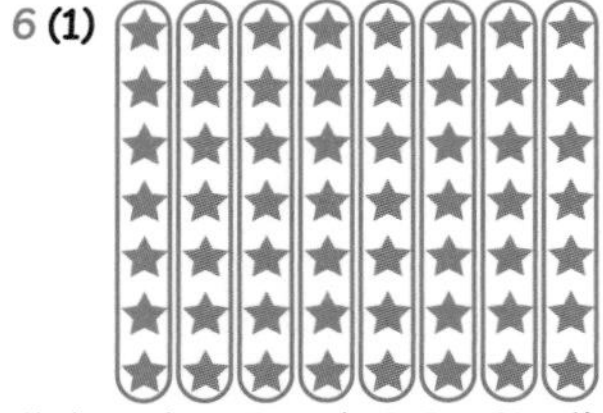

共有35个星星。7个星星一组，共分成8组。.
$56 \div 7 = 8$

(2)

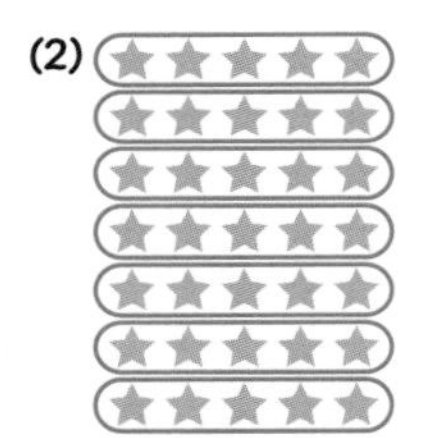

共有35个星星。平均分成7组，每组5个星星。
$35 \div 7 = 5$

7 小袋米重2千克。大袋米重12千克。.

第 43 页 8 (1) $54 \div 9 = 6$ (2) $64 \div 8 = 8$ (3) $42 \div 7 = 6$
(4) $66 \div 11 = 6$ 9 每个花盆应该种8朵花。 10 (1) $3 \times 60 = 180$
(2) $5 \times 40 = 200$
(3) $3 \times 200 = 600$ (4) $5 \times 300 = 1500$
(5) $9 \times 700 = 6300$ (6) $7 \times 700 = 4900$

第 44 页 11 (1) $32 \times 6 = 192$

$$\begin{array}{r} 3\ 2 \\ \times \quad\ 6 \\ \hline 1\ 2 \\ +\ 1\ 8\ 0 \\ \hline 1\ 9\ 2 \end{array}$$

(2) $43 \times 7 = 301$

$$\begin{array}{r} 4\ 3 \\ \times \quad\ 7 \\ \hline 2\ 1 \\ +\ 2\ 8\ 0 \\ \hline 3\ 0\ 1 \end{array}$$

(3) $579 \times 4 = 2316$

$$\begin{array}{r} 5\ 7\ 9 \\ \times \quad\quad 4 \\ \hline 3\ 6 \\ 2\ 8\ 0 \\ +\ 2\ 0\ 0\ 0 \\ \hline 2\ 3\ 1\ 6 \end{array}$$

(4) $645 \times 5 = 3225$

$$\begin{array}{r} 6\ 4\ 5 \\ \times \quad\quad 5 \\ \hline 3\ 2\ 2\ 5 \end{array}$$

12 面包师一天能烤144个松饼。面包师能装满12盒12个装的松饼。

第 45 页 13 (1) $74 \div 3 = 24$ 余 2

$$\begin{array}{r} 2\ 4 \\ 3\,\overline{)\,7\ 4} \\ -\ 6\ \ \\ \hline 1\ 4 \\ -\ 1\ 2 \\ \hline 2 \end{array}$$

(2) $85 \div 9 = 9$ 余 4

$$\begin{array}{r} 9 \\ 9\,\overline{)\,8\ 5} \\ -\ 8\ 1 \\ \hline 4 \end{array}$$

(3) $879 \div 6 = 146$ 余 3

$$\begin{array}{r} 1\ 4\ 6 \\ 6\,\overline{)\,8\ 7\ 9} \\ -\ 6\ \ \ \ \\ \hline 2\ 7\ \ \\ -\ 2\ 4\ \ \\ \hline 3\ 9 \\ -\ 3\ 6 \\ \hline 3 \end{array}$$

(4) $456 \div 8 = 57$

$$\begin{array}{r} 5\ 7 \\ 8\,\overline{)\,4\ 5\ 6} \\ -\ 4\ 0\ \ \\ \hline 5\ 6 \\ -\ 5\ 6 \\ \hline 0 \end{array}$$

14

雅各布 ▮▮▮▮▮▮
鲁比 ▮
汉娜 ▮▮▮▮▮
144

雅各布和汉娜共有132张卡片。